长江流域冬季蔬菜栽培技术

主 编

别之龙

编 著 者

别之龙　朱　进　汤　谧　黄　远

韩晓燕　裴　芸　黄兴学　严　妍

王军鹏　张丽琴　钟亚琴　邓德鸿

程晓东　范墨林

金盾出版社

内 容 提 要

　　长江流域是我国重要的蔬菜产区。本书根据本流域的冬季蔬菜生产特点，系统地介绍了冬季蔬菜栽培技术。全书共分为6章：第一章长江流域冬季气候特点，第二章长江流域冬季蔬菜栽培形式和制度，第三章长江流域冬季蔬菜露地栽培技术，第四章长江流域冬季蔬菜栽培设施，第五章长江流域冬季主要蔬菜设施栽培技术，第六章长江流域冬季蔬菜育苗技术。本书主要面向广大蔬菜生产者和基层农技推广人员，也可作为高等院校园艺、农学等专业学生的参考书。

图书在版编目(CIP)数据

长江流域冬季蔬菜栽培技术/别之龙主编．—北京：金盾出版社，2008.3
　　ISBN 978-7-5082-4889-9

Ⅰ. 长…　Ⅱ. 别…　Ⅲ. 蔬菜园艺　Ⅳ. S63

中国版本图书馆 CIP 数据核字(2007)第 202638 号

金盾出版社出版、总发行
北京太平路 5 号(地铁万寿路站往南)
邮政编码：100036　电话：68214039　83219215
传真：68276683　网址：www.jdcbs.cn
北京金盾印刷厂印刷
装订：永胜装订厂
各地新华书店经销
开本：787×1092 1/32　印张：6.375　彩页：4　字数：136千字
2008 年 3 月第 1 版第 1 次印刷
印数：1—10000 册　定价：10.00 元

目　录

第一章 长江流域冬季气候特点

长江发源于青藏高原唐古拉山脉北麓,格拉丹冬雪山西南侧,干流流经青海、西藏、云南、四川、重庆、湖北、湖南、江西、安徽、江苏、上海等 11 个省、自治区、直辖市。横跨我国西南、华中、华东 3 大地区,汇入东海,全长 6 300 余千米,为我国第一大河流。长江流域面积约为 180 万平方千米,占全国总面积的 18.75%,形状呈东西长、南北短的狭长形,地势西北部高、东南部低。

长江按河道特征及流域地形可划分为上、中、下游。自江源至湖北宜昌称上游,长约 4 500 千米,流域面积 100 万平方千米;宜昌至江西湖口称中游,长 950 多千米,流域面积 68 万平方千米;湖口至长江口称下游,长 938 千米,流域面积约 12 万平方千米。

长江流域地域辽阔,地理环境气候复杂。从西向东,分属高原亚寒带、高原温带、中亚热带和北亚热带 4 个气候区。其中位于中亚热带气候区的四川盆地和位于北亚热带气候区的长江中下游流域为我国的主要农业区,热量资源丰富,越冬条件较好,但冬季气温偏低,亚热带作物有冻害威胁。降水在时间和空间上分布不均匀,四川盆地夏、秋季多雨,长江中下游流域则秋、冬季降水偏少。冬季日照少,辐射量小。

第一节 温 度

长江流域气温是在太阳辐射能量、东亚大气环流、青藏高原和北太平洋以及各地区不同的地形条件影响下形成的。长江流域的年平均气温呈东高西低、南高北低的分布趋势,中下游地区高于上游地区,江南高于江北,江源地区是全流域气温最低的地区。由于地形的差别,在以上总的分布趋势下,形成四川盆地、云贵高原和金沙江谷地等封闭式的高低温中心区。

中下游大部分地区年平均气温在16℃~18℃之间。湘、赣南部至南岭以北地区达18℃以上,为全流域年平均气温最高的地区;长江三角洲和汉江中下游在16℃左右,汉江上游地区为14℃左右;四川盆地为闭合高温中心区,大部分地区在16℃~18℃之间,重庆至万州达18℃以上;云贵高原地区西部高温中心区达20℃左右,东部低温中心区在12℃以下,冷暖差别极大;金沙江地区高温中心区在巴塘附近,年平均气温达12℃,低温中心区在埋塘至稻城之间,平均气温仅4℃左右;江源地区气温极低,年平均气温在−4℃左右,呈北低南高分布。

长江流域4月份和10月份是冷暖变化的中间月份。10月份以后天气转凉,一般1月份温度达到最低。1月份中下游地区大部分为4℃~6℃,湘、赣南部为6℃~7℃,江北地区在4℃以下;四川盆地在6℃以上。云贵高原西部暖中心区普遍在6℃以上,中心区最高达15℃左右,东部在4℃以下。金沙江地区西部为0℃左右,东部地区为−4℃左右。江源地区气温极低,北部气温平均在−16℃以下。4月份中下游大部地区温度上升到16℃~18℃之间,江北及长江三角洲为14℃~15℃,南岭北部达18℃以上;四川盆地在18℃以上;云贵高原西部暖中心区高达25℃左右,而其东部低温中心区为12℃;金沙江西部地区在10℃以上,东部则在4℃以下;江源地区平均气温仍在0℃以下,北部达−4℃左右。

四川盆地所在的中亚热带气候区和长江中下游流域所在的北亚热带气候区，≥0℃的年积温为 5 500℃～6 100℃、≥10℃的年积温为 4 800℃～6 000℃，无霜期为 210～350 天。但寒冷年份长江中下游流域常有冻害。

第二节　光　照

太阳光照是重要的农业气候资源，是绿色植物进行光合作用的能量源泉。植物体干物质中有 90%～95% 是通过光合作用合成的，因而太阳光能的多少对农产品生产影响极大。

我国年太阳辐射量变化在 3 350～10 040 兆焦/平方米的范围内，一般西部多于东部，高原多于平原。青藏高原是我国年太阳辐射总量最高地区，绝大部分地区在 6 690 兆焦/平方米以上；四川地区平均年辐射总量较低，其中四川盆地是 4 180 兆焦/平方米以下的低值区。长江中下游地区总辐射值在 4 060～5 020 兆焦/平方米之间。冬季辐射量最小，最低值一般出现在 12 月份。但冬季生长期内（≥0℃时）的太阳总辐射量以云南大部、川西、东南沿海为高值区，冬季作物生产潜力较大。

除了辐射强度和光合时间的影响外，太阳光照还可通过光周期作用影响作物的生育和产量。决定光周期现象的日照长度随纬度和季节而变化，一般纬度越高，日照时数越多，南部少于北部。长江流域所处的纬度相差不大，因而光照时数相差不大。冬季昼长明显长于夜长，日照长度在 10 小时左右。

第三节 降 水

长江流域平均年降水量为1 067毫米。由于地域辽阔,地形复杂,季风气候十分典型,因而年降水量和暴雨的时空分布很不均匀,自西向东大致呈一个递增趋势。江源地区年降水量小于400毫米,属于干旱带;川西高原、青海、甘肃部分地区及汉江中游北部年降水量为400～800毫米,属于半湿润带;流域内大部分地区年降水量为800～1 600毫米,属湿润带。年降水量大于1 600毫米的特别湿润带,主要位于四川盆地西部和东部边缘、江西、湖南、湖北部分地区;年降水量达2 000毫米以上的多雨区都分布在山区,范围较小。

降水量的年内分配很不均匀,不均性以上游较大,中下游南岸较小。一般一年内绝大部分降水量都集中在4～9月份。6～7月份长江中下游月降水量达200毫米。8月份主要雨区已推移至长江上游,四川盆地西部月降水量超过200毫米。长江下游受副热带高压控制,8月份的雨量比4月份还少。从9月份开始各地的降水量逐月减少,大部分地区10月份降水量比7月份减少100毫米左右。冬季(12月份至翌年1月份)降水量为全年最少。

值得注意的是,长江流域中云贵高原西部、川西、陕南的秋雨比重较大,约占全年降水量的25%;江南几省的冬季降水为150～200毫米,这对于冬季露地的蔬菜栽培极为有利。近40年的降水资料显示,长江流域冬季降水逐年增加的趋势显著。

第四节　气象灾害

一、霜　冻

在作物生长季节内,当地面温度降至 0℃ 或 0℃ 以下时,大部分喜温作物就要遭受霜冻的危害。长江流域初霜期出现在 11 月中旬至 12 月上旬,而终霜期在翌年 4 月上旬左右。长江流域年霜日数最多的地区位于雅砻江中上游、大渡河上游的川西高原,达 150 天以上。其中四川的色达站(气象站,下同)多年平均年霜日数达 228.3 天,是全流域霜日最多的地区。通天河地区为 100～200 天,金沙江巴塘至德荣地区和昆明、会理、盐源一带为 70～100 天。汉江的安康至襄樊段、丹江及唐白河流域、长江下游苏皖地区为 50～70 天。多年平均年霜日数较少的地区是四川盆地、云贵高原、洞庭四水、赣江中上游,多年平均年霜日数在 25 天以下。其中位于云南的元谋站年霜日数仅 2 天,四川的泸州为 2.5 天,这两个地区是全流域霜日最少的地区。流域西部高原地区一年四季均可出现霜,其他地区只在 10 月份至翌年 4 月份才出现霜。因此,在安排冬季蔬菜作物生产时,要考虑到霜冻的限制因素,留有一定的余地,采取必要的防护措施,保障冬季蔬菜的安全生产。

二、大　雾

大雾影响植物接受太阳辐射,进而影响植物的光合作用。长江流域是我国多雾的地区之一,多年平均年雾日数达 50 天以上的地区有 6 处:四川盆地遂宁站为 99.9 天,重庆为 69.3 天;湘西、鄂西南地区,湖北恩施站为 53 天,湖南桑植站为

56.6 天;南岭西部湘、黔交界处和贵州铜仁站为 54 天;湖南平江至江西修水上游一带和平江站为 63 天;金沙江下游屏山至雷波一带和雷波站为 107 天;乌江上游咸宁地区和咸宁站为 76 天。此外,长江三角洲年雾日数可达 30～40 天,上海站多年平均年雾日数为 43.1 天。长江流域年雾日数少的地区位于流域西部西昌至攀枝花地区及位于川西高原的平武、小金、甘孜一带,多年平均年雾日数不足 5 天。

长江流域大雾主要出现在秋、冬季节,而冬季太阳辐射总量本身就较小,再加上大雾对光照的影响,不利于作物的光合作用,进而影响作物的生长发育和产量形成。

第二章 长江流域冬季蔬菜
栽培形式和制度

蔬菜的栽培形式是指在自然或人为条件下形成的蔬菜栽培方式,主要可分为露地栽培和设施栽培。一个地区的蔬菜栽培方式是经过长期的生产实践和科学技术研究而形成的。蔬菜的栽培制度是指在一定时间内,在一定土地面积上蔬菜安排布局和茬口接替的制度。科学地安排蔬菜茬口,是落实蔬菜种植计划的可靠保证,是合理地利用自然资源,实行用地与养地相结合,不断恢复与提高土壤肥力、减轻病虫害的基本农业措施。

第一节 长江流域冬季蔬菜栽培的主要形式

一、露地栽培

露地栽培是指利用自然气候、土地、肥力、水源等资源,加上人工管理,在适宜的季节里生产出蔬菜产品的一种栽培方式。每一种露地栽培都是以充分利用当地各季节的自然资源为基础,高度发挥各种自然资源的潜力,以获取最大的效益。长江流域可以利用低纬度平原地区冬季气候温暖、气温下降缓慢的特点,通过合理安排播种期,露地栽培一些适应性较广的蔬菜,如大白菜、绿叶菜等。由于在自然条件下栽培,不用设施,因此生产成本低,经济效益高。适于冬季反季节露地栽培的地区,主要集中在长江流域的四川、云南、湖北、湖南、江西、安徽、江苏、上海和长江以南的海南、广东、广西、福建等省、自治区、直辖市。

二、设施栽培

蔬菜设施栽培是在露地不能进行生产的情况下,利用一定的园艺设施,人为地创造适合蔬菜生长发育的小气候环境,进行多种蔬菜的提早、延后和超时令栽培,又叫蔬菜保护地栽培。采用设施栽培可以避免低温、高温、暴雨、强光等逆境对蔬菜生产的危害,已经广泛应用于蔬菜育苗、早春提前或秋季延后栽培。蔬菜设施栽培是缓解蔬菜生产淡季、周年供应新鲜蔬菜并达到蔬菜种类多样化的重要途径之一。

蔬菜设施栽培主要包括两个方面的内容:一是设计、建造适于冬季环境条件及不同蔬菜生长发育的栽培设施;二是在设施环境条件下要进行科学管理,达到优质、高产、高效的目的。蔬菜露地栽培过程中,有时由于防范条件差,使蔬菜不能生长或蔬菜生长发育不良,产量低,品质差。而设施栽培,可为蔬菜生长发育创造适宜的条件,从而使蔬菜生产产量高、品质好,并可用于蔬菜淡季供应,其产值高于露地栽培。

设施栽培是我国长江流域蔬菜冬季栽培的重要形式。常见的栽培方式主要有促成栽培、半促成栽培和抑制栽培。

(一)促成栽培

促成栽培又称越冬栽培、深冬栽培、冬春长季节栽培,是指冬季严寒期利用温室等设施进行长期加温或保温栽培蔬菜的方式。如目前的一些大型连栋温室内进行的茄果类蔬菜的长季节栽培,从9月份定植到翌年6月份采收结束,从播种到拉秧长达10~11个月,在低温期的10月下旬至翌年3月下旬均进行加温以维持生育最盛期以后的生长势,促进坐果及果实发育。

在长江流域,采用塑料大棚多重覆盖,将8～10月份育苗的茄果类、瓜类等果菜,在10～12月份定植到棚室内,于翌年1月初至3月份即开始上市,直到6～7月份结束,这种栽培方式就属于促成长季节栽培。

(二)半促成栽培

半促成栽培通常是指在设施栽培条件下定植的蔬菜,生育前期(早春)短期加温,生育后期不加温而只是进行保温或改为在露地条件继续生长或采收的春季提早上市的栽培方式,故又称之为早熟栽培。长江流域常用于早熟栽培的设施主要有塑料大棚和中小棚,如番茄、辣椒、茄子等于冬季11月份至翌年1月份用电热线加温,于塑料大棚内育苗,2～3月份定植于日光温室或塑料棚内,采收期较常规露地育苗栽培能提早1个月左右。

(三)抑制栽培(延迟栽培)

抑制栽培一般指一些喜温性蔬菜如黄瓜、番茄等的延迟栽培,秋季前期在未覆盖的大棚或在露地生长,晚秋早霜到来之前扣薄膜防止霜冻,使之在保护设施内继续生长,延长采收时间,俗称塑料大棚的秋延后栽培,它比露地栽培延长供应期1～2个月。如利用塑料大棚进行多重覆盖栽培,可使采收期延长到元旦、春节,经济效益大幅度提高。

第二节　长江流域冬季蔬菜栽培的茬口安排

一、露地栽培茬口安排

(一)冬季露地栽培蔬菜的基本茬口类型

根据不同蔬菜对最适温度的不同要求和茬口安排的原则,结合长江流域冬季的气候条件,露地蔬菜冬季栽培的主要茬口有以下3类。

1. 越冬茬　即过冬菜。是一类耐寒或半耐寒的蔬菜,长江中下游三主作区主要包括菠菜、葱、芹菜、韭菜、菜薹、乌塌菜、春白菜、莴苣、洋葱、大蒜、甘蓝、蚕豆、豌豆等。一般是秋季露地直播或育苗,冬前定植,以幼苗或半成株状态露地过冬,翌年春季或夏初供应市场,主要是堵春淡季的茬口。

2. 春茬　即早春菜。是一类耐寒性较强、生长期短的绿叶菜,如小白菜、小萝卜、茼蒿、菠菜、芹菜等,以及春马铃薯和冬季保护地育苗、早春定植的耐寒或半耐寒的春白菜、春甘蓝、春花椰菜等。该茬菜正好在夏季茄、瓜、豆类蔬菜大量上市以前、越冬菜大量下市以后的"小淡季"上市。

3. 秋冬茬　即秋菜、秋冬菜。是一类不耐热的蔬菜,如大白菜类、甘蓝类、根菜类及部分喜温性的茄果瓜豆及绿叶菜。是全年各茬中面积最大的,一般在立秋前后直播或定植,10～12月份上市供应。

(二)冬季露地栽培常见蔬菜的茬口安排

长江流域冬季露地蔬菜栽培,可以在单季稻或晚稻收割后,也可以在夏茬或伏茬菜收获后,适时种植1～2茬。适宜大面积种植的露地蔬菜作物有芹菜、萝卜、大白菜、小白菜、紫菜薹、豌豆、莴笋、洋葱、春甘蓝、结球芥菜、榨菜等。一般在 9 月下旬至 10 月上旬播种,部分为 8 月中下旬播种,11 月份开始采收。

前茬为大田作物(如水稻、玉米)的,可以种植各种种类的蔬菜作物。若前茬为蔬菜作物,则要考虑是否进行轮作。轮作的年限依蔬菜种类、发病情况而不同。如普通白菜、芹菜、甘蓝、花椰菜、葱蒜类等可在没有严重发病的地块上连种几茬,但需要增施基肥;马铃薯、山药、生姜、黄瓜、辣椒等需要间隔 2~3 年;番茄、大白菜、茄子、甜瓜、豌豆、茭白、芋头等需要间隔 3~4 年;而西瓜需要间隔 6~7 年。茄果类、瓜类(除南瓜)、豆类受连作的危害较大。

长江流域冬季露地栽培常见蔬菜的茬口安排见表 2-1。

表 2-1　长江流域冬季露地蔬菜栽培常见茬口安排

种类品种	栽培型	播种期(月/旬)	采收期(月/旬)	备　注
萝　卜	秋冬萝卜	8~9	10~翌年 1	
	冬春萝卜	9/下~10	2~3	
	春萝卜	2~3	4~6	
胡萝卜	秋胡萝卜	7/下~8/上	11~翌年 1	
	春胡萝卜	2~3	5~7	选择耐抽薹、耐热品种
大白菜	秋大白菜	8/下~9/上	10~12/上	
	春大白菜	2~3	5~6	
菜　薹	秋冬茬	8	11~翌年 2	育苗,9 月份定植
甘　蓝	春甘蓝	10/上	翌年 4/下~5/下	育苗,11 月中下旬定植
芹　菜	秋芹菜	6~7	9~12	
	春芹菜	12~翌年 2	5~6	
菠　菜	秋菠菜	8/下~9	9/下~12	

种类品种	栽培型	播种期(月/旬)	采收期(月/旬)	备　注
	春菠菜	10～12 2～4	12～翌年 3 4～5	
芥　菜	茎用芥菜	9	2 月成熟始收	
	叶用芥菜	9/上～10/上	1/上～4	
洋　葱	—	9/下	翌年 5～6	育苗,12 月份 定植
大　蒜	—	9/中	3～4(采收蒜薹) 6(采收蒜头)	
大　葱	—	3/上	12～翌年 2	育苗,6 月上中 旬定植

二、设施栽培茬口安排

设施蔬菜栽培的茬口安排在周年生产供应中占有重要的地位。长江流域亚热带气候区无霜期为 210～350 天,设施条件下能够提供良好的水肥环境。冬季常见的设施蔬菜栽培茬口有以下几种。

(一)早春茬

一般初冬播种育苗,翌年早春(2 月中下旬至 3 月上旬)定植,4 月中下旬始收,6 月下旬至 7 月上旬拉秧。早春茬栽培的蔬菜为茄果类、瓜类和部分绿叶蔬菜,包括番茄、茄子、辣椒(甜椒)、黄瓜、西葫芦、丝瓜、苦瓜、瓠瓜、西瓜、甜瓜、苋菜、落葵、蕹菜、小白菜等。

(二)秋延后茬

此茬口类型苗期多在炎热多雨的 7～8 月份,故一般采用遮阳网加防雨棚育苗。定植前期进行防雨遮阳栽培,采收期延迟到 12 月份至翌年 1 月份。后期通过多层覆盖保温及保鲜措施可使果菜类蔬菜的采收期延迟至元旦前后。栽培的蔬菜种类主要是喜温蔬菜和喜冷凉蔬菜,前者如番茄、茄子、辣椒、黄瓜、西葫芦、甜瓜、西瓜、菜豆等,后者如茼蒿、芹菜等。

(三)越 冬 茬

是冬季寒冷季节在大棚内种植喜冷凉而不很耐寒的蔬菜或喜温蔬菜的栽培形式。前者如芹菜、菠菜、芥蓝等,后者如番茄、茄子、辣椒、瓜类、苋菜、落葵、蕹菜等。

对于喜温蔬菜,其栽培技术核心是选用早熟品种,实行矮密早栽培技术,运用大棚进行多层覆盖(二道幕加小拱棚加草帘加地膜),使喜温蔬菜安全越冬,上市期比一般大棚早熟栽培提早 30～50 天,多在春节前后供应市场,故栽培效益很高,但技术难度大。该茬口一般在 9 月下旬至 10 月上旬播种育苗,12 月上旬定植,翌年 2 月下旬至 3 月上旬开始上市持续到 4～5 月份结束。

长江流域冬季进行蔬菜设施栽培时,由于设施类型较多,故应根据设施条件的优劣合理选择蔬菜种类。在设施条件较好时,一般选择喜温的蔬菜栽培;在设施条件较差时,一般安排喜冷凉的蔬菜栽培。长江流域喜温蔬菜的越冬茬口不及秋季延后茬口普遍。长江流域冬季设施蔬菜栽培常见茬口安排见表 2-2。

表 2-2　长江流域冬季设施蔬菜栽培常见茬口安排

种类品种	栽培型	播种期(月/旬)	采收期(月/旬)
番　茄	越冬长季节栽培	8/中下	初冬至翌年夏
	秋延后栽培	7/中～8/上	10/下～翌年 2/中
	春提早栽培	11/下～12/上	4/下～7
辣　椒	秋延后栽培	7/中～8/上	10～翌年 2/中

种类品种	栽培型	播种期(月/旬)	采收期(月/旬)
	春提早栽培	11/中	4/下～7/下
茄 子	秋延后栽培	6/中～7/中	9/下～11/下
	春提早栽培	10/上	5～8
黄 瓜	越冬长季节栽培	8/中下	11～翌年夏
	秋延后栽培	7/中～8/上	9/下～11/下
	春提早栽培	1/上中	3/下～6/上
西、甜瓜	秋延后栽培	7/下～8/上	10～12
	春提早栽培	1/中下～2/上	5/上～6/上

三、以育苗为主栽培的茬口安排

蔬菜育苗,就是将蔬菜先在苗床内播种育苗,待秧苗长到一定大小时,再定植到大田中去,而非直接在大田进行直播的育苗方式。从播种到定植之前的育苗过程,称为蔬菜育苗。蔬菜育苗的实质是在气候不适宜育苗的季节,利用园艺设施、设备及先进的农业技术,人为地创造适宜的环境条件,提前播种,培育出健壮的秧苗,在气候适宜时期再移栽到大田。育苗移栽是增产增收的一项重要技术措施。它可以争取农时,减少用工,增多茬口,增加复种指数,发挥地力,减少病虫害和自然灾害损失,提早成熟、增加早期产量和总产量,从而达到增产增收的目的。

什么时候播种,即播种期安排在哪一天是能否得到优质植株的关键。由于环境条件的不同,植物的生长和开花日期会有很大差异。所以,没有一个对所有地区都适用的播种期。

温度在某种程度上是能够被控制的环境因素,它对植物的生长有显著的影响。因此,选定播种时间只要考虑到温度,就能够大体确定下来。

但育苗时期的早晚还取决于蔬菜种类、栽培方式、育苗设施的性能、育苗方法和要求达到的苗龄等诸多因素。耐寒蔬菜的甘蓝等应当早育苗,而喜温果菜类的黄瓜、番茄等可以晚育苗;同样都是果菜类,瓜类和番茄适于定植的苗龄比茄子、辣椒短。同一种蔬菜用于日光温室栽培比用于拱棚栽培的要早育苗,用于拱棚栽培的比用于露地早熟栽培的早育苗。育苗的保护地设施和栽培的保护地性能都好,可以早育苗早定植,否则应当晚育苗晚定植。总之,在制定育苗计划时,必须综合考虑育苗蔬菜的种类、适宜苗龄、栽培方式、育苗设施性能及育苗方法等影响因素,合理确定育苗期,方能达到早熟、高产、优质和高效栽培的目的,否则可能导致栽培效果不好,甚至失败。因此,在确定育苗期时,应当减少盲目性。

长江流域冬季蔬菜栽培播种育苗茬口安排见表2-3。

表2-3 长江流域冬季蔬菜栽培播种育苗茬口安排

(引自李式军《蔬菜生产的茬口安排》,1998)

种类品种	栽培方式	播种期(月/旬)	定植期(月/旬)	采收期(月/旬)	备注
大头菜	露地	8~9	9~10/上	11~翌年2	冷床或温床育苗
春大白菜	露地	2~3	3/下~4/上	5~6	
秋冬白菜	露地	7~10	8~12	9~翌年2	不结球白菜类
春白菜	露地	10	11~12	3~4	
紫菜薹	露地	8	9	11~翌年2	
叶用芥	露地遮阳网	9/上~10/上	10~11	1/下~4	
结球甘蓝	露地遮阳网	6/下~7	8/下~9	11~翌年2	
春甘蓝	露地	9/下~10/上	11~12	4~5	
秋莴笋	露地	8/上中	9	11~翌年1	
春莴笋	露地	9~10;2~3	11~12;3~4	3~5;5~6	
冬莴笋	保护地	8/下~9/上	9~10/上	10~翌年3	大棚,无纺布覆盖

续表 2-3

种类品种	栽培方式	播种期 （月/旬）	定植期 （月/旬）	采收期 （月/旬）	备 注
春芹菜	露地	12～翌年 2	3～4	5～6	含西芹
越冬芹菜	露地	8	10	1～4	含西芹
秋冬芹菜	露地遮阳网	6～7	8	9～12	含西芹
春番茄	塑料棚、露地	11/下～12/上	塑料棚:2/下 露地:3/下～4/上	4/下～7	
秋番茄	遮阳网育苗	6～7	8	9～翌年 1	
冬番茄	温室大棚	8	9	11～翌年 6	
辣 椒	塑料棚、露地	10/下～11/上	塑料棚:3 露地:4/上	4/下～12	
甜 椒	大棚	11～12;7～8	3;8～9	6～12;10～翌年 5	
茄 子	塑料棚、露地	12～翌年 2	塑料棚:3 露地:4/上	5～8(10)	遮阳网覆盖可越夏

续表 2-3

种类品种	栽培方式	播种期 （月/旬）	定植期 （月/旬）	采收期 （月/旬）	备　注
春黄瓜	大棚＋小棚	12/下～翌年 1	2/中～3/上	4～6	
春黄瓜	中小棚	1/下	3/下	4/下～6/中	
春黄瓜	露地	2/中下	4/上	5～6	
秋黄瓜	露地＋大棚	9	9	11～翌年 2	
西　瓜	露地	3/中下	4/中下	6/下～8/上	
甜　瓜	露地	3/下～4/上	4～5	6/下～8/上	
菜　豆	露地	2～3	3～4	5～6	
豇　豆	露地	3～7	4/上；直播	9～11	
				5～10	

注：播种期括号内指设施育苗时期

第三节 长江流域冬季蔬菜栽培形式和栽培制度的选择

一、根据不同蔬菜作物的生育特点选择

温度是影响长江流域冬季蔬菜栽培的第一要素,因此栽培形式和栽培制度的选择应以温度为主要参考指标。根据蔬菜对温度的不同要求,大致可分为 5 类。

(一)耐寒的多年生宿根蔬菜

有金针菜(黄花菜)、石刁柏(芦笋)、茭白、藕等,夏季地上部分能耐高温,冬季地上部分枯死,以地下宿根越冬,可耐 $-10℃\sim-15℃$ 低温。

(二)耐寒蔬菜

如菠菜、大葱、大蒜及白菜类的某些品种,同化作用适温为 $15℃\sim20℃$,能耐 $-1℃\sim-2℃$ 的低温,短期内可耐 $-5℃\sim-10℃$ 的低温。黄河以南及长江流域可以露地越冬。

(三)半耐寒蔬菜

如萝卜、胡萝卜、芹菜、莴苣、豌豆、甘蓝类及白菜类,同化作用适温为 $17℃\sim20℃$,超过 $20℃$ 同化功能减弱,能短期耐 $-1℃\sim-2℃$ 的低温。长江以南能露地越冬,华南各地冬季可以露地生长。

(四)喜温蔬菜

如黄瓜、番茄、茄子、辣椒、菜豆等,$20℃\sim30℃$ 为同化作用适温,$15℃$ 以下授粉不良,不能长期忍受 $5℃$ 以下的低温。长江以南可以春播或秋播。

(五)耐热蔬菜

如冬瓜、南瓜、丝瓜、西瓜、甜瓜、豇豆等,在30℃时同化作用最强,其中豇豆、西瓜、甜瓜在40℃高温下仍能生长。我国南北各地一般是春播,夏、秋季收获。

二、根据当地的自然环境条件选择

蔬菜栽培形式和栽培制度的选择与当地的气候环境条件息息相关。长江流域西起青藏高原,东临太平洋,地处亚热带,又有明显的大气环流季节变化,其气候为典型的亚热带季风气候,冬寒夏热、干湿季分明是它的基本特点。冬季盛行偏北风,来自蒙古和西伯利亚的干冷空气控制全流域,天气寒冷、干燥、少雨。其中作为蔬菜主产区的长江中下游三主作区主要包括湖南、湖北、江西、浙江、上海、江苏和安徽的淮河以南、福建北部、四川盆地,冬季1月份平均温度0℃~12℃,有雪霜,耐寒的绿叶菜和白菜可以越冬栽培。这一地区密布大小湖泊、江河,水面宽阔,是水生蔬菜的主产区。同时,这一地区经济繁荣,发展大、中、小棚及遮阳网、多层覆盖栽培潜力很大,蔬菜生产的经济效益和社会效益十分显著。

三、根据当地的社会经济条件选择

根据当地的自然和经济条件,安排合理的栽培形式和栽培制度,创造蔬菜生产的良好生态环境,维持生态平衡,有利于蔬菜生产的可持续发展;还可充分利用自然资源,制定最经济的生产方案,降低生产成本,提高效益,增加农民的经济收入。

四、根据市场的需求和生产技术水平选择

目前,蔬菜产销正朝着大生产、大市场、大流通的格局发

展。因此,在安排栽培形式和栽培制度时,除考虑蔬菜作物生物学、生态学特性和经济成本因素外,更重要的是要面向市场、按照市场需求来安排好生产。城市周围的郊区以生产生长期较短、不耐贮运的叶类蔬菜为主,复种指数一般在 4 左右(高的可达 6~7),在栽培形式的选择上宜选择调控能力强的设施类型,以获得较高的经济回报;离城市较近的中郊区,技术条件较好的区域可种植瓜、茄、豆等较耐贮运的蔬菜;而在离城市较远的远郊区可生产部分技术要求不太高的根菜类、甘蓝类等"大路"蔬菜。在茬口安排上,要首先考虑市场需要什么,什么品种在何时种植、何时上市最能卖到好价钱。为使蔬菜生产获得好的效益,要克服以往小而全、百花园的种植模式,而应采取规模化、集约化、专业化和区域化生产,走产业化的现代生产道路。

综上所述,在栽培形式和栽培制度的选择上应以不同蔬菜作物的生育特点为依据,同时兼顾当地的自然环境及经济条件,根据市场需求和生产技术水平做出最优选择。长江流域冬季露地栽培一般可选择耐寒及半耐寒蔬菜,在设施栽培的条件下可种植喜温甚至耐热蔬菜。

第三章 长江流域冬季
蔬菜露地栽培技术

第一节 根菜类蔬菜栽培技术

一、萝　卜

(一)特征特性

1. 植物学特性　萝卜主要以膨大的肉质直根为食用部分,其形状、大小、颜色多样。肉质根形状有长圆筒形、长圆锥形、圆形、扁圆形之分;大小差异较大,小的仅几克,大的可达10千克;外皮颜色有白、绿、红、紫、黑等色;根肉多为白色,也有青绿、紫红等颜色。萝卜是直根系作物,除了膨大的肉质直根外,还有许多侧根,根系生长受土壤深耕程度的影响很大。

在营养生长期间萝卜茎为短缩茎,即肉质根的顶部;进入生殖生长期抽生花茎,花茎上可进行分枝。

萝卜幼苗为子叶出土型,2 片子叶肾形。真叶为根出叶,有深绿、浅绿等不同颜色。叶柄也有绿、红、紫等色。第一对真叶匙形,称为基生叶;以后在营养生长期内长出的叶统称为莲座叶。叶形有板叶和花叶之分,叶片伸展有直立、平展、下垂等不同方式。上述这些特征都与选种栽培有密切关系。

萝卜花为复总状花序,主枝花先开,花色有白色、粉红色、紫色等,雄蕊 6 枚,雌蕊位居中央。花期 30 天左右,为虫媒花。果实为长角果,内含 3～8 粒种子,成熟时不易开裂。种子为不规则圆球形,种皮浅黄色至暗褐色。千粒重 7～15 克。

2. 生长发育特性 萝卜为二年生草本植物。生长发育过程分为营养生长和生殖生长两个时期:第一年进入营养生长期,形成肥大的肉质根,进入贮藏休眠;第二年进入生殖生长期,抽薹开花。

营养生长期分为发芽期、幼苗期、叶生长盛期、肉质根生长盛期、休眠期 5 个阶段。

(1)发芽期 由种子开始萌动到第一片真叶展开叫做发芽期,这一期需 5～7 天。种子大小、种子的贮藏条件和年限,都会对种子发芽率、苗期生长以及后期生长产生一定影响。

(2)幼苗期 由真叶展开到形成 5～7 片真叶,需 15～20 天。真叶展开后,植株逐步转入依靠光合作用的自养生活,地上部叶面积不断扩大。标志着肉质根转入加粗生长的"破肚"就发生在该时期。

(3)叶生长盛期 又称莲座期。从破肚到露肩为 20～30 天。该时期叶数不断增加,叶面积迅速扩大,同化产物增多,根系吸收水分和养分也增多,植株生长量较苗期增加。该时期的地上部生长量仍然超过地下部的生长量。

(4)肉质根生长盛期 该时期 30～50 天。由露肩到收获,是肉质根生长最快的时期,也是在耕作与田间管理上须多加注意的时期。

(5)休眠期 萝卜收获后进行贮藏保管,从这时起即进入休眠期。

3. 对环境条件的要求

(1)温度 萝卜起源于温带,为半耐寒性蔬菜。种子发芽适温为 20℃～25℃,幼苗期茎叶生长适温为 15℃～20℃,肉质根最适温度为 18℃～20℃,所以萝卜营养生长期的温度以由高到低为好。

（2）光照　萝卜属于中等光照条件的蔬菜,在生长过程中充足的光照有利于光合作用的进行。光照不足影响光合产物的积累,肉质根的膨大缓慢,产量降低,品质变劣。萝卜是长日照植物,在光照 12 小时以上及较高的温度条件下有利于开花结果。

（3）水分　萝卜生长过程对水分的要求严格,土壤水分是影响萝卜产量和品质的重要外界因素。在发芽期和幼苗期需水不多,只需保证土壤湿润即可。在萝卜生长盛期土壤含水量以最大持水量的 60％～80％ 为宜。在肉质根形成期,土壤缺水则肉质根膨大受阻,表皮粗糙,品质下降;水分过多则通气不良,肉质根皮孔加大,表皮粗糙,侧根着生处形成不规则突起,商品品质下降。

（4）土壤和营养　萝卜对土壤要求不严格,但以土层深厚、保水、排水良好、疏松透气的砂质壤土为宜。另外,萝卜栽培时不可偏施氮肥,否则易产生苦味。

（二）品种选择

长江流域冬季栽培的萝卜一般是秋冬萝卜,秋季播种,冬季收获。秋、冬栽培萝卜正是适宜季节,应选用产量高、品质优、耐贮藏的品种。如黄州萝卜、美浓萝卜、中秋红、穿心红、浙大长、宁红萝卜、三白萝卜、武青 1 号、武杂 3 号、南畔洲萝卜、春白二号、白光、早生白玉、特新白秀、汉白玉等。

（三）栽培技术

1. 适时播种　长江流域冬季萝卜栽培一般 8 月中旬至 9月上旬播种。播种时应选择土质疏松、通透性好、富含有机质、保水保肥强的砂壤土或壤土地块。播种前施足基肥,一般每 667 平方米（1 亩）施厩肥 4 000～5 000 千克,施后深翻耙平。萝卜播种直播、撒播和点播均可,行距 30～33 厘米,株距 25～30 厘米,每 667 平方米播种量 500～750 克。

2. 苗期管理 播种后应注意勤浇小水,保持地面湿润,防止土壤干旱或板结。

出苗后如缺苗应及时补种,如苗多应及时间苗。一般在第一片真叶显露时进行第一次间苗,苗距为 3～4 厘米;在 2～3 片真叶时进行第二次间苗,苗距 10～12 厘米;5～6 叶时定苗,株距 25～30 厘米。每 667 平方米保苗 8 000 株左右。定苗后,每 667 平方米追施尿素 10～15 千克、草木灰 100 千克,追肥后及时浇水。

3. 成株期管理 叶生长盛期的管理上要注意促进叶片的旺盛生长。在定苗追肥后,浇水 2～3 次,当第二个叶环多数叶子展开时要中耕 1～2 次,适当控制浇水,防止叶部徒长。在露肩后,经过一段中耕控水后进行 1 次大追肥,每 667 平方米施复合肥 20 千克。追肥后中耕松土 1 次,然后浇水。肉质根膨大盛期,是根生长的主要时期,此期要均匀供水,避免忽干忽湿,防止裂根。一般每 5～6 天浇 1 次水,保持土壤湿润。

4. 适时收获 长江流域秋冬萝卜一般在 11 月上旬至 12 月下旬收获,当萝卜圆腚时及时收获。采收过早产量低,采收过迟则易糠心。

5. 影响肉质根质量的因素

(1)糠心 又叫空心。是肉质根的木质部中心部分发生空洞的现象。糠心的肉质根质量轻、品质差、不耐贮藏。糠心与品种和栽培条件有关。播种早、营养面积过大等容易造成糠心,因而在生产中应注意品种选择和栽培管理。

(2)叉根 是肉质根分叉现象。主要是主根生长点破坏或主根生长受阻而造成侧根膨大,成为分叉的肉质根。种子胚根破坏、使用未腐熟的有机肥、施肥不匀、土壤耕层太浅、有坚硬物阻碍肉质根生长等都是产生叉根的原因。

(3)裂根　是肉质根开裂的现象。主要由于土壤水分供应不均造成。在田间管理时必须注意水分供应的均匀。

(4)肉质根苦辣　苦是肉质根中含有苦瓜素,辣是由于肉质根中芥辣油含量过高。气候干旱、炎热及肥水不足、病虫危害、偏施氮肥等是引起该现象的主要原因。因此,必须注意加强田间管理和合理施肥。

(四)病虫害防治

长江流域萝卜秋、冬栽培的病害主要有病毒病、霜霉病、软腐病和黑腐病,虫害主要有菜粉蝶、菜蛾和蚜虫等。各种病虫害的防治方法如下。

1. 萝卜病毒病

(1)农业防治　选用抗病品种,适时晚播,苗期避蚜,加强田间管理。

(2)药剂防治　发病初期用 20%病毒灵水溶性粉剂 500 倍液,25%病毒净可溶性粉剂 500 倍液,2%宁南霉素水剂 500 倍液,83 增抗剂 100 倍液,每隔 10 天左右施药 1 次,连防 3～4 次。

2. 萝卜霜霉病

(1)种子消毒　可用种子重量 0.3%的 50%福美双可湿性粉剂或 25%甲霜灵可湿性粉剂拌种。

(2)农业措施　选用抗病品种,适时播种以避开高湿多雨的发病期。加强水肥管理,合理轮作,及时清理田园,减少初侵染源。

(3)药剂防治　发病初期及时喷药,可用 25%甲霜灵 800 倍液、72.2%普力克 800 倍液交替喷洒。或用 72.2%霜霉威水剂 600 倍液,52.5％抑快净水分散粒剂 2 000 倍液,70％丙森锌(安泰生)可湿性粉剂 700 倍液,每 667 平方米喷施对好的药液 70 升,7～10 天喷 1 次,连喷 2～3 次。

3. 萝卜软腐病

(1)农业措施　重病地和非寄主作物进行 3 年以上轮作。高垄栽培,合理用水,勿大水漫灌。施用腐熟的有机肥,收获时清除病残株。

(2)药剂防治　发病初期及时用药喷洒或灌根,可用 3％中生菌素可湿性粉剂 800 倍液或 72％农用链霉素可溶性粉剂 3 000 倍液,12％松脂酸铜乳油 600 倍液或 20％噻菌铜(龙克菌)悬浮剂 500 倍液,隔 10 天左右施药 1 次,防治 1～2 次。

4. 萝卜黑腐病

(1)种子消毒　50℃温水浸种 20 分钟,或用 50％代森锌可湿性粉剂 200 倍液浸种 15 分钟,然后洗净晾干播种。

(2)农业措施　加强栽培管理,适时播种,适期、适度蹲苗。合理浇水,避免过干过湿。及时防治地下害虫,减少伤口。

(3)药剂防治　发病初期用 77％可杀得可湿性微粒粉剂 500 倍液或 60％百菌通可湿性粉剂 600 倍液等喷雾防治,每 7 天 1 次,连续防治 2～3 次。也可用 72％农用链霉素 3 000 倍液或 6.5％代森锌 500 倍液灌根。

5. 菜粉蝶

(1)农业措施　及时清园减少虫源,适时播种。

(2)药剂防治　常与菜青虫防治相结合,可用 20％氰戊菊酯乳油 2 000～2 500 倍液喷雾防治。

6. 菜　蛾

(1)物理及生物防治　成虫发生期,可安装黑光灯诱杀;幼虫期也可用苏云金杆菌(Bt)乳剂 500～1 000 倍液喷洒;还可利用性引诱剂诱蛾。

（2）药剂防治　菜蛾老龄幼虫抗药性强,药剂防治应在菜蛾卵孵化盛期至幼虫 2 龄期进行。常用药剂有 2.5%菜喜（多杀霉素）悬浮剂 1 000～1 500 倍液,5%抑太保乳油 2 000倍液,2.5%功夫乳油 3 000 倍液,2.5%溴氰菊酯乳油 2 500倍液,5%卡死克乳油 800～1 000 倍液等。农药应轮换使用,以免害虫产生抗药性。

7. 蚜虫

（1）农业措施　黄纱网育苗,银灰膜驱避,黄板诱蚜;利用七星瓢虫、草蛉、食蚜蝇等天敌;洗衣粉灭蚜时,每 667 平方米用洗衣粉 400～500 倍液 60～80 升,连续喷 2～3 次,效果较好。

（2）药剂防治　必要时喷洒 10%吡虫啉可湿性粉剂 1 500倍液,2.5%功夫乳油 3 000～4 000 倍液,50%灭蚜松乳油2 500倍液,效果较好。

二、胡萝卜

（一）特征特性

1. 植物学特性　胡萝卜的根系发达,为深根性蔬菜,由肥大的肉质根、侧根、根毛三部分组成。肉质根的形状有长圆柱形、长圆锥形、短圆锥形等,颜色有紫红、橘红、粉红、黄、白、青绿等,周围着生 4 列纤细侧根。茎在营养生长期为短缩茎,抽薹后形成花茎,花茎上发生分枝,分枝上再着生花枝。叶丛生于短缩茎上,为三回羽状复叶,叶柄细长,叶色深绿,叶面积较小,叶面密生茸毛,具有耐旱性。花为复伞形花序,花色白或淡黄,为虫媒花。果实为双悬果。种子扁椭圆形,黄褐色。千粒重 1.25 克。

2. 生长发育特性　胡萝卜属伞形花科二年生草本植物，营养生长期一般为 90～140 天。肉质根经过贮藏，第二年在低温长日照下进入生殖生长阶段。胡萝卜的营养生长与萝卜基本相同，可分为以下几个时期。

(1)发芽期　播种至子叶展开，需 10～15 天。该时期在管理上要重视播种质量，创造良好的发芽条件是齐苗、全苗的关键。

(2)幼苗期　子叶展开至 5～6 片叶时需 25 天左右，表现为生长缓慢，抗杂草能力很差。管理上必须及时清除杂草。

(3)叶生长盛期　是叶面积扩大、肉质根开始缓慢生长阶段，历时 30 天左右。此期要求处理好地上部与地下部的生长关系，使地上部生长良好而不过旺，有利于肉质根生长盛期的发育。

(4)肉质根生长盛期　该时期肉质根的生长量开始超过地上部，需 50～60 天，占全营养生长期的 2/5 以上。此期要保持最大的叶面积，使其充分制造营养，大量向根部输送贮藏。

3. 对环境条件的要求

(1)温度　胡萝卜为半耐寒蔬菜，种子发芽最低温度为 4℃～6℃，适温 20℃～25℃。植株生长适温为昼温 18℃～23℃，夜温 13℃～18℃，地温 18℃。温度过高或过低对生长都不利，在 3℃ 以下停止生长。

(2)光照　胡萝卜属于中光照强度的植物，生育期中要求充足的光照，光照太弱会出现叶柄伸长的徒长现象，影响肉质根的膨大。胡萝卜为长日照蔬菜，在长日照条件下才能完成光照阶段，抽薹开花。

(3)水分　胡萝卜根系发达，叶片耐旱，故生育期耐旱。

要求土壤含水量为田间最大持水量的 60%～80%。前期水分过多影响肉质根膨大生长;后期应保持土壤湿润,以促进肉质根旺盛生长膨大。

(4)土壤与营养　胡萝卜要求土层深厚、肥沃、排水良好的砂壤土,适宜的 pH 值为 5～8。对氮磷钾三要素的吸收量以钾最多,氮次之,磷最少。

(二)品种选择

胡萝卜在栽培上按其用途分类可分为鲜食、熟食、加工、饲料用 4 类。现对农户主要生产的前 3 类分述如下。

1. 鲜食类　要求肉质根外形美观,色泽鲜艳,肉质细而脆,汁多味甜,心柱较细,韧皮部肥厚。可选烟台五寸、西安红胡萝卜、鲜红五寸、扬州三红等。

2. 熟食类　要求肉质根脆,水分多,味较淡,品质中等。可选南京红、上海长红、北京黄胡萝卜。

3. 加工类　要求肉质根表皮光滑,质脆致密,水分少,味甜,心柱与韧皮部色泽较一致。可选新黑田 5 寸、扬州红 1 号、卡罗斯、金时等。

(三)栽培技术

1. 适时播种　长江流域冬季栽培胡萝卜一般在 8 月上旬播种,播种过早过晚产量都不高。宜选择土层深厚、通气、排水良好的砂壤土栽培,每 667 平方米施腐熟有机肥 3 000～4 000 千克,草木灰 100～200 千克,过磷酸钙 10～15 千克。土壤深翻,耙细耙平,清除砖石等坚硬物质。播种前用 40℃ 温水浸种 2 小时,然后用纱布包好,置于 20℃～25℃ 的温度下催芽,2～3 天即可露白。播种有条播和撒播两种方法:条播行距 15～20 厘米,每 667 平方米用种量 0.75 千克左右;撒播每 667 平方米用种量 1～1.5 千克。播后覆土 2 厘米厚,耙平、镇压。出苗前用除草剂防治杂草,覆盖麦草或遮阳网可防雨保墒。

2. 田间管理 2～3 片真叶时,中耕除草间苗,株距 3 厘米;4～5 片真叶时,中耕除草定苗,保留强壮苗,株行距为 10～17 厘米×15～20 厘米,每 667 平方米保留苗 3 万株,早熟和小型肉质根品种可适当密些。播种至齐苗应保持土壤湿润,一般浇水 2～3 次;出苗后保持土壤见干见湿,一般是每 5～7 天浇 1 次水,注意排涝;7～8 叶期趁土壤湿润时应适当控水、中耕蹲苗;肉质根开始肥大时每 3～5 天浇 1 次水,保持土壤湿润,但收获前 15 天时应停止浇水。追肥一般进行 2～3 次。第一次间苗后可每 667 平方米施尿素 10 千克;肉质根膨大初期每 667 平方米施复合肥 15～20 千克,或随水冲施人粪尿 500 千克。追肥后应及时浇水。后期应控制氮肥用量,增施磷钾肥。

3. 适时收获 成熟的标志是肉质根色泽深、胡萝卜素含量高、甜味增加。收获天数一般早熟品种 80～90 天,中晚熟品种 100～120 天。

(四)病虫害防治

1. 胡萝卜黑腐病

(1)农业措施 清除残体病株,将其深埋或烧毁。从无病株上采种,做到单收单藏。实行 2 年以上的轮作。

(2)种子消毒 可用种子重量 0.3%的 50%福美双可湿性粉剂、70%代森锰锌可湿性粉剂、75%百菌清可湿性粉剂、50%扑海因可湿性粉剂拌种。

(3)药剂防治 发病初期可用 75%百菌清可湿性粉剂 600 倍液或 56%霜霉清可湿性粉剂 700 倍液,58%甲霜灵·锰锌可湿性粉剂 400～500 倍液等,每 10 天左右施药 1 次,连续防治 3～4 次。

2. 胡萝卜黑斑病

(1)农业措施　清除残体病株,将其深埋或烧毁。从无病株上采种,做到单收单藏。实行 2 年以上的轮作,增施基肥。

(2)种子消毒　可用种子重量 0.3％的 50％福美双可湿性粉剂、40％拌种双粉剂、70％代森锰锌可湿性粉剂拌种。

(3)药剂防治　发病初期可用 75％百菌清可湿性粉剂 600 倍液,50％扑海因可湿性粉剂 1 500 倍液,40％克菌丹可湿性粉剂 400 倍液,78％波•锰锌(科博)可湿性粉剂 500 倍液等,每 10 天左右施药 1 次,连续防治 3～4 次。

3. 胡萝卜细菌性软腐病

(1)农业措施　从无病田和无病株上留种,与禾本科植物实行 3 年以上轮作,清洁田园,除掉病株残体,防治地下害虫,减少伤口,适当浇水降低湿度。

(2)药剂防治　发病前或发病初期,在地表喷农用链霉素 200 毫克/升,敌克松原粉 500～1 000 倍液,抗菌剂 401 的 500～600 倍液,氯霉素 20～400 毫克/升,10％苯醚甲环唑(世高)水分散粒剂 1 000 倍液,50％琥胶肥酸铜(DT)可湿性粉剂 500 倍液,每 10 天喷药 1 次,连喷 2～3 次。

4. 胡萝卜菌核病

(1)农业措施　重病区与禾本科植物进行 3 年以上轮作;贮藏时应剔除有病肉质根,防止窖顶滴水和受冻。

(2)药剂防治　发病初期可用 50％速克灵可湿性粉剂 1 000 倍液,50％腐霉利可湿性粉剂 1 000 倍液,40％菌核净可湿性粉剂 800 倍液,每 7 天喷药 1 次,连续防治 2～3 次。

5. 胡萝卜微管蚜和茴香凤蝶　这两种害虫以食作物叶部为主。防治方法参照萝卜蚜虫和菜青虫部分。

第二节 白菜类蔬菜栽培技术

一、大 白 菜

(一)特征特性

1. 植物学特性 大白菜为浅根性直根系蔬菜,根系较发达,多为水平生长,主要根群分布在距地表 30～50 厘米的耕作层中。

营养生长时期,茎部短缩,节间短,每节发生 1 枚根出叶。进入生殖生长期时抽生花茎。大白菜叶的类型如下:①子叶 2 枚,对生,肾形。②基生叶(又称初生叶)2 枚,对生,与子叶垂直呈"十"字形,叶片为长椭圆形。③中生叶,着生于短缩茎,包括幼苗叶和莲座叶。叶互生,叶片宽大,有明显叶翅,无明显叶柄。④顶生叶,着生在短缩茎顶端,互生,形成巨大的叶球。进入生殖生长期后,着生在花枝上的叶片称为茎生叶,叶面有蜡粉。

花黄色或淡黄色,花瓣 4 枚、"十"字形排列。属异花授粉作物。果实为长角果。种子球形,褐色或红褐色。千粒重2～3 克。

2. 生长发育特性 正常栽培的白菜,自播种至收获种子需要 2 年,其间分营养生长和生殖生长两个阶段。营养生长又分为如下几个阶段。

(1)发芽期 从种子萌动到真叶显露。一般在适温条件下需 5～6 天。

(2)幼苗期 从真叶显露到团棵,是基生叶生长及第一叶环形成的时期。在适温条件下,早熟品种需 16～17 天,晚熟品种需 20~22 天。

(3)莲座期 从团棵到卷心。是植株发生第二、第三叶环，形成莲座的时期。早熟品种一般需 15~20 天，中、晚熟品种需 25~28 天。

(4)结球期 从卷心到叶球形成，是植株生长球叶形成叶球的时期。此期生长量占植株总生长量的 70% 左右，生长时间约占全生长期的一半。在适温条件下，早熟品种需 25~30 天，中、晚熟品种需 35~50 天。结球期可分为前期、中期、后期。前期从卷心到外层球叶迅速生长而形成叶球的轮廓，称为抽筒；中期是抽筒后内层球叶迅速生长充实叶球，称为灌心；后期叶球体积不再增大，外叶养分继续向叶球输送、积累，使叶球更加紧实，外部的莲座叶逐渐衰老变黄。

(5)休眠期 结球生长的白菜，遇低温就停止生长，强迫进入休眠。

3. 对环境条件的要求

(1)温度 大白菜为半耐寒蔬菜，生长适温为 10℃~22℃，其温度的变化最好是由高到低。发芽期和幼苗期的温度以 20℃~25℃为宜；莲座期最好是 17℃~22℃；结球期对温度的要求最严格，日均温度最好是 10℃~22℃，以 15℃~22℃最佳。高于 25℃生长不良，10℃以下生长缓慢，5℃以下停止生长。

(2)光照 大白菜营养生长阶段必须有充足的光照，光照不足则会导致减产。

(3)水分 大白菜蒸腾量大，对土壤水分要求较高。幼苗期需水不多，但不能缺墒；莲座期需水较多，但需酌情蹲苗中耕；结球期需水量最大，应经常保持地面湿润。空气相对湿度则不宜太高，保持在 70% 左右即可。

（4）土壤与营养　最好选用土层深厚、有机质多、便于排灌的砂壤土、壤土。白菜生长期长，生长速度快，产量高，需肥较多。对于氮肥的施用，既不能不足，也不能偏施，否则都会影响产量和品质。

（二）品种选择

长江流域冬季栽培大白菜可选用丰抗 70、丰抗 80、丰抗 90、豫园 1 号、改良青杂 3 号、青杂中丰、山东 4 号、山东 15 号、山东 7 号、鲁白 8 号等品种。

（三）栽培技术

1. 适时播种　长江流域冬季栽培大白菜宜选土层深厚、物理化学性状良好的土壤，做成深沟高畦，施足基肥。8 月中下旬播种，一般直播，也可育苗移栽。播种时条播或穴播均可，条播每 667 平方米用种量 150 克左右，穴播每 667 平方米用种量 100～125 克。最好趁墒播种或开沟灌水播种后覆土，以保持土壤湿润，加速出苗。

2. 培育壮苗　出苗后再灌 1 次水，促进生根。苗期要及时间苗和定苗，1～2 片真叶时第一次间苗，留下子叶肥大、下胚轴较短者，每隔 3～7 厘米留 1 株；过 5～6 天第二次间苗；到 8～9 片真叶时，每穴留 1 株定苗。

3. 田间管理

（1）营养管理　大白菜 2 片真叶时追 1 次提苗肥，每 667 平方米用硫酸铵 5～7 千克，或腐熟农家肥 200 千克。莲座期追 1 次发棵肥，每 667 平方米施用腐熟农家肥 500～1 000 千克或硫酸铵 10～15 千克，过磷酸钙 7～10 千克，沿植株开 8～10 厘米深的小沟施入。第三次追肥在结球期，于包心前 5～6 天追施，每 667 平方米施用饼肥 50～100 千克或硫酸铵 15～25 千克，与 1 000～1 500 千克腐熟农家肥混合施用。还可在莲座期或结球期用1%磷酸二氢钾、硫酸钾或尿素进行叶面施肥。

（2）水分管理　发芽期浇播种水，幼苗期要小水勤浇，莲座期要见干见湿。结球前、中期需水较多，每次追肥后要浇透水，以后每隔5～7天浇1次水；结球后期减少浇水，在收获前5～7天停止浇水。

（3）中耕　第一次中耕在3叶期进行，浅锄3厘米深；第二次中耕在缓苗或定棵后有7～8片真叶时，锄7～8厘米深；第三次在莲座期后浅锄3厘米深并封垄，此后不再中耕。

（四）病虫害防治

1. 大白菜病毒病

（1）农业措施　选用抗病品种，栽培地远离发病区。合理安排茬口和播期，避免高温季节和干旱天气。

（2）药剂防治　发病前可用50%灭蚜松乳油1 000～1 500倍液，50%辟蚜雾可湿性粉剂2 000～3 000倍液，50%马拉硫磷乳油1 000～2 000倍液喷雾防蚜。每5～7天喷1次，连续防治3～4次。发病初期喷24%混脂酸·铜（毒消）水剂800倍液，2%宁南霉素水剂500倍液，5%菌毒清水剂600倍液，83增抗剂100倍液，每10天喷1次，连防2～3次。

2. 大白菜霜霉病

（1）种子消毒　可用种子重量0.3%的50%福美双可湿性粉剂或25%甲霜灵可湿性粉剂拌种。

（2）农业措施　选用抗病品种，合理轮作。适当晚播，避开高温季节。加强水肥管理，及时清理田园。

（3）药剂防治　发病初期，及时摘除病叶，并用以下药剂进行防治：58%甲霜灵·锰锌可湿性粉剂500倍液，40%乙磷铝可湿性粉剂300倍液，25%甲霜灵800倍液，75%百菌清可湿性粉剂 500 倍液喷雾。每 7～10 天喷 1 次,连续防治 2～3 次。

3. 大白菜软腐病

(1)种子消毒　播种前用菜丰宁 B_1 拌种,每 667 平方米用 100 克。或用种子重量 2.5%的农抗 751 拌种。

(2)农业措施　选用抗病品种,合理轮作。适当晚播,灌水均匀。及时防虫,小心操作,以避免产生伤口。发现病株,及早拔除,病穴上撒少许熟石灰。

(3)药剂防治　发病时可选用农抗 120 的 150 倍液,72%农用链霉素可溶性粉剂 3 000 倍液,47%加瑞农可湿性粉剂 3 000 倍液,50%代森铵水剂 800～1 000 倍液,菜丰宁 B_1 80 倍液喷施,每 10 天喷 1 次,连防 2～3 次。

4. 大白菜干烧心　选用抗病品种,施足有机肥。人工补钙和锰:结球初期向心叶撒入含 16%硝酸钙和 0.5%硼的膨湿土颗粒剂;在莲座期到结球期,在叶面喷 0.7%氯化钙,每 7～10 天喷 1 次,每次每 667 平方米施 100 千克,连喷 3～5 次;在苗期、莲座期、结球初期喷 0.7%硫酸锰,每次每 667 平方米施 50 千克。

5. 大白菜白斑病

(1)农业措施　在无病区或无病株上采种,做好种子消毒(消毒方法同霜霉病)。选用抗病品种,与非十字花科作物实行 2 年以上轮作。选地势高燥地块栽培,雨季及时排水。

(2)药剂防治　发病初期可用 40%多·硫悬浮剂 600 倍液,50%多·霉威可湿性粉剂 800 倍液,50%多菌灵磺酸盐(溶菌灵)可湿性粉剂 800 倍液,70%锰锌·乙铝(菜霉清)可湿性粉剂 500 倍液,每 667 平方米喷药液 60 升,每 15 天喷 1 次,连续防治 2～3 次。

6. 大白菜黑斑病

(1)农业措施　在无病区或无病株上采种,做好种子消毒(消毒方法同霜霉病)。选用抗病品种,与非十字花科作物实行 2 年以上轮作。选地势高燥地块栽培,雨季及时排水。及时清理田园。

(2)药剂防治　发病初期用 70%代森锰锌可湿性粉剂 600 倍液,50%扑海因可湿性粉剂 1 000 倍液,58%甲霜灵·锰锌可湿性粉剂 500 倍液,40%乙磷铝可湿性粉剂 300 倍液,农抗 120 的 100 倍液喷雾,每 7～10 天喷 1 次,连续防治 2～3次。

7. 菜青虫

(1)农业措施　及时清园,深翻土壤,压低虫口。

(2)生物防治　施用活孢子数 100 亿个/克的苏云金杆菌乳剂、杀螟杆菌粉、青虫菌粉或 HD-1 的 500～800 倍液。

(3)化学防治　在低龄幼虫期,连续用药 2～3 次。常用药有 1.8%阿维菌素乳油 5 000～8 000 倍液,5%抑太保乳油 2 000 倍液,25%灭幼脲悬浮剂 500～1 000 倍液,90%敌百虫晶体 1 000～1 500 倍液,2.5%敌杀死和 20%速灭菊酯乳油 6 000～8 000 倍液等。

8. 菜蛾　防治方法可参照萝卜栽培中菜蛾防治的相关内容。

9. 菜蚜

(1)农业措施　黄纱网育苗,银灰膜驱避蚜虫,黄板诱蚜;利用七星瓢虫、草蛉、食蚜蝇等天敌;洗衣粉灭蚜时,每 667 平方米用洗衣粉 400～500 倍液 60～80 升,连续喷 2～3 次,效果较好。

(2)药剂防治　秧苗期或植株封垄前及时喷洒 40%乐果

乳油 1 000～2 000 倍液,50％敌敌畏乳油 1 000 倍液,20％杀灭菊酯乳油或 2.5％溴氰菊酯乳油 800 倍液,50％辟蚜雾可湿性粉剂,每 667 平方米用量为 10～18 克对水喷雾,注意喷洒叶背。

10. 菜 螟

(1)农业措施　调节播期,使 3～5 叶期避开菜螟的产卵高峰期。田间适当多灌水,提高湿度,可使幼虫死亡。清洁田园,避免连作。

(2)药剂防治　与菜青虫相同。

11. 黄曲条跳甲

(1)农业措施　耕翻播种时,每 667 平方米均匀撒施 5％辛硫磷颗粒剂 2～3 千克。

(2)药剂防治　用 90％敌百虫晶体 1 000 倍液,50％辛硫磷乳油 1 000 倍液,灭杀毙 4 000 倍液大面积喷洒或灌根。

12. 小地老虎

(1)预测预报　对成虫的测报可采用黑光灯或蜜糖液引诱器,平均每天诱蛾 5～10 头则进入发蛾盛期,过 20～25 天则为 2～3 龄幼虫盛期,为防治适期。

(2)诱杀防治　一是黑光灯诱杀成虫。二是糖醋液诱杀成虫。糖醋液成分为糖∶醋∶白酒∶水∶90％敌百虫晶体＝6∶3∶1∶10∶1,调匀。三是用毒饵诱杀幼虫。将饵料麦麸或豆饼 5 千克炒香,后用 90％敌百虫晶体 30 倍液 0.15 升拌匀,适量加水,拌潮为止,每 667 平方米用 1.5～2.5 千克。四是堆草诱杀幼虫。在定植前,选择灰菜、刺儿菜等杂草堆放诱集地老虎幼虫。

(3)化学防治　幼虫 1～3 龄为防治适期。喷洒 48％毒死蜱(乐斯本)乳油,每 667 平方米用 90～120 毫升对水 50～

60 升。或用灭杀毙 8 000 倍液,2.5％溴氰菊酯、20％氰戊菊酯 3 000 倍液,20％菊马乳油 3 000 倍液,10％溴马乳油 2 000 倍液等。

13. 蛴螬

(1)农业措施　秋、冬、春季深翻,杀死越冬害虫。夜间用黑光灯诱杀。

(2)化学防治　播种整地前每 667 平方米用 5％辛硫磷颗粒剂 1.5～2.5 千克,幼苗期用 80％敌百虫可溶性粉剂 1 000 倍液灌根,在成虫盛期可用 80％敌敌畏乳油 1 000 倍液或 20％灭扫利乳油 1 500 倍液喷雾。

14. 蝼蛄和蚂蚁

(1)农业措施　秋、冬、春季深翻,杀死越冬害虫。夜间用黑光灯诱杀,也可用毒饵诱杀。

(2)化学防治　可以用 90％敌百虫晶体 1 000 倍液灌根。

二、小　白　菜

(一)特征特性

1. 植物学特性　小白菜为直根系,浅根性,须根较发达,主要分布在 10～15 厘米土层内,根系再生能力较强,适于育苗移栽。

小白菜茎在营养生长期内为短缩茎,短缩茎上着生莲座叶,但遇高温或过分密植时会出现茎节伸长的现象。进入生殖生长期茎伸长而抽薹,抽薹后产品品质明显下降。

莲座叶着生在短缩茎上,为主要食用部分,多直立,呈倒卵形或阔倒卵形,叶片绿色至深绿色,叶柄肥厚,一般无叶翼。常以叶色的深浅、叶柄的长短和色泽作为识别品种的标识。叶片的生长,一般内轮叶舒展或抱合紧密呈束腰状,基部明显肥大,形成菜头,形态美观。

植株抽薹后在顶端和叶腋间长出花枝,为复总状花序。花为完全花,异花授粉,虫媒花。果实为长角果,内含近圆形种子10～20粒,红褐色、黄褐色或黑褐色。千粒重1.5～2.2克。

2. 生长发育特性 营养生长期可分为:①从种子萌发到子叶展开、真叶显露为发芽期;②从真叶显露到第一叶序形成为幼苗期;③从第一叶序形成后再长1～2个叶序为莲座期,是单株产量形成的主要时期;④心叶长至与外叶同高,标志着植株已充分生长,为挺心期,是采收适宜时期。

3. 对环境条件的要求

(1)温度 小白菜性喜冷凉的气候。发芽期适宜的温度为20℃～25℃,生长期适温为15℃～20℃,-3℃～-2℃能安全越冬。小白菜耐热能力较差,在25℃以上的高温和干燥条件下生长衰弱。小白菜种子萌动及绿体植物生长阶段,在2℃～10℃下经15～30天即完成。

(2)光照 小白菜为长日照植物,一般在温度适宜、阳光充足的条件下生长最好,叶色常绿,株型紧凑,产量高而品质好。在高温、阴雨、弱光照下易徒长,导致茎节伸长,品质下降。通过春化阶段后,在12～14小时的日照和较高温度下迅速抽薹开花。

(3)水分 需较高的土壤和空气湿度,发芽期要求土壤湿润,幼苗期需要土壤见干见湿,莲座期需水量大,应保证土壤处在湿润状态。

(4)土壤与营养 对土壤要求不高,但以疏松、肥沃、保水、保肥的壤土或砂壤土为宜。小白菜生长期短,群体密集,生长迅速,且以肥厚的叶片为主要产品,在养分供应上,施肥应以氮肥为主,钾肥次之,磷肥较少。施用氮肥又以尿素、硝酸铵效果为好。

(二)品种选择

长江流域冬季栽培小白菜可选用矮脚黄、矮箕青、黄心乌、金雪球、黑油白菜、箭杆白、上海青、苏州青、日本早生华京、华冠青梗白菜等品种。

(三)栽培技术

1. 适时播种 小白菜播种期不严格,冬季生产一般在 10 月份左右。注意不要与十字花科蔬菜连作,前茬最好是葱蒜类、豆类、瓜类蔬菜。选用疏松、肥沃、保水保肥力强、排水良好的壤土或轻黏土,每 667 平方米施农家肥 1 500～2 000 千克,耕翻深度 20～25 厘米。晒垡 7～10 天,整地做畦,耙细耙平。干旱少雨地区做成平畦,多雨地区做成小高畦,畦面高 10～15 厘米。

每 667 平方米用种量 0.75～1 千克,播种时掌握稀播和匀播的原则,播后盖草浇透水。

2. 培育壮苗 出苗前每天早晚各浇 1 次水,保持土壤湿润。出苗后在 1～2 片真叶时进行第一次间苗,以不轧棵为标准;在 3～4 片真叶时进行第二次间苗,苗距 3 厘米左右,并及时浇水。施肥应根据幼苗生长情况与浇水结合进行,提倡少施勤施。

3. 定植 小白菜适宜密植,一般定植密度视品种、栽培季节和生产目的而定。冬季生产时,苗高 15 厘米左右、具 4～5 片真叶时即可定植,株行距 15 厘米×20 厘米,深栽以防冻。定植后及时浇 15%～20% 的稀粪水定根,浇清水也可。

4. 田间管理

(1)肥水管理 小白菜植株生长矮小,茎叶容易接触土面,沾上泥土,在追肥时,最好不使用人、畜粪尿肥,以防污染。

从定植到采收追肥 4～6 次。从定植后 3～4 天起，每 7 天追肥 1 次，一般每 667 平方米每次施用硫酸铵 40～60 千克，直至采收前 10 天止。如封行后叶色黄绿，可用 0.75％尿素溶液进行根外追肥。冬季栽培时，浇水应与施肥结合进行。

（2）中耕　多与施肥结合进行。施肥前应中耕疏松土壤，以免肥水流失。从定植到采收应中耕 2～3 次。

（3）采收　一般定植后 30～40 天后开始采收。商品采收的标准是外叶叶色变淡，基部叶色变黄，叶簇由旺盛生长转向闭合生长，心叶与外叶平齐。

(四)病虫害防治

可参照大白菜病虫害防治。

三、紫 菜 薹

紫菜薹是十字花科芸薹属芸薹种白菜亚种的一个变种，能形成柔嫩花薹的一二年生草本植物，别名红菜薹、红油菜薹、红油菜、芸薹菜等。是原产我国的特产蔬菜，主要分布在长江流域一带，以湖北省的武昌和四川省的成都栽培最为著名。紫菜薹的食用器官为嫩花茎，其味道甜，品质柔嫩，可炒食、做汤或烫后凉拌。

(一)特征特性

1. 植物学特性　紫菜薹主根不发达，分布较浅，须根多，再生力强，育苗移栽成活率高。

茎营养生长期短缩，能发生很多基叶和腋芽。苗期经低温春化后，在适温为 15℃～25℃ 和良好的光照、充足的矿质营养下抽生花薹（即为食用器官）。

叶卵形或椭圆形，叶色绿或紫绿，叶缘波状，叶基部深裂或有少数裂片。叶脉和叶柄为紫红色，叶柄较长，叶脉明显。

花薹近圆形,紫红色,薹高 30～40 厘米。腋芽萌发力强,每株可产侧薹 7～8 条甚至多达 20～30 条。薹叶细小,倒卵形或近披针形,基部抱茎而生。叶片生长适温 20℃～25℃。

完全花,总状花序,花冠黄色。果实为长角果,内含多粒种子。种子近圆形,紫褐色至黑褐色。千粒重 1.5～1.9 克。

2. 生长发育特性 紫菜薹全生育期 180 天左右,分为营养生长和生殖生长两个阶段。武汉地区一般播后 80 天左右始收,打霜后品质最好,翌年 2 月中旬至 3 月中旬为采收盛期。

3. 对环境条件的要求 紫菜薹须根多,根系分布浅,叶面积大,所以在生长过程中要经常供应充足的水分、养分。

紫菜薹适于冷凉气候下栽培,种子发芽温度以 25℃～30℃为宜;幼苗的适应范围较宽,20℃左右生长迅速,25℃～30℃的较高温度也能生长,15℃以下生长缓慢。但如果生长前期温度高、后期温度低则不利于菜薹的形成。菜薹发育适于较低温度,温度在 10℃左右时菜薹发育良好,20℃以上的较高温度则发育不良。菜薹发育对温度的要求稍严,耐寒性较弱,怕渍怕旱,易感染病虫害。紫菜薹对光照要求不严格,但整个生育期要求有充足的光照。

(二) 品种选择

根据紫菜薹对气候的适应性可分为早熟、中熟、晚熟 3 个品种类型。

1. 早熟类型 不耐寒,较耐热,适于温度较高的季节栽培。圆叶品种有武昌红叶大股子和绿叶大股子等,尖叶品种有成都尖叶小红油菜薹、十月红一号和十月红二号等。一般每 667 平方米产量为 1 500 千克。

2. 中熟类型 耐热性不如早熟类型,耐寒性又弱于晚熟类型。品种有二早紫红油菜薹、七根薹等。一般每 667 平方米产量为 2 000 千克。

3. 晚熟类型　耐热性差,耐寒性强。腋芽萌发力较弱,侧薹少,品质好。有圆叶和尖叶两种。品种有胭脂红、阴花油茎菜薹等。每 667 平方米产量可达 2 000～3 000 千克。适于保护地栽培,夏季栽培不易抽薹。

露地秋茬栽培一般选用冬性弱的早熟品种,如武昌红叶大股子、成都尖叶小红油菜薹等。

(三)栽培技术

1. 适期播种　苗床应选择比较肥沃的壤土或沙质壤土,播前每 667 平方米施腐熟厩肥 1 500～2 000 千克。四川盆地多于 8 月上旬至 9 月份播种育苗,长江中下游地区以 8 月中旬播种为好。每 667 平方米苗床播种 0.5～0.7 千克,可供 6 670～10 000 平方米地面栽植。

2. 培育壮苗　播前做好深沟高畦,以利排灌。播后覆盖遮阳网,降温保墒防晒,保证全苗壮苗。苗出齐后及时揭除遮阳网,拔除杂草。真叶展开后,分批间苗 2～3 次。苗床肥力不足、幼苗生长欠佳时,可追施速效氮肥。当苗龄已 25～30天、幼苗达 5 片真叶时应及时移栽。

3. 定植　移栽前每 667 平方米施腐熟厩肥 2 500～3 000千克或生物有机肥 160～200 千克,结合整地施入。播种后25～30 天、幼苗 6～7 片真叶时定植,宜在晴天下午 3 时以后或阴天进行,一般不要晚于 9 月中旬。株行距 40 厘米×60厘米,或 30 厘米×70 厘米,每 667 平方米定植株数 2 700～2 800 株。定植时不要栽得太深,否则容易引起腐烂,同时影响下部叶腋中侧芽的发生,其深度以不超过基生叶为原则。定植后须立即浇定根水,有条件的地方在定植后及时用遮阳网等覆盖物进行覆盖,减少水分蒸发,保持土壤湿润,缩短缓苗期,以利幼苗及早恢复成活。

4. 田间管理 紫菜薹生长期长,抽薹期营养生长与生殖生长齐头并进,又是多次采收,因此要及时追肥。追肥原则是前轻后重。苗期追肥促进早发,中后期追肥促进多抽薹、薹粗壮。一般定植后 5～7 天即应追肥提苗,每 667 平方米可用尿素 5 千克或稀人、畜粪尿 1 500～2 000 千克。莲座叶封行前追施 1 次发棵肥,肥料用法、用量与第一次追肥相同。值得注意的是,追肥须氮、磷、钾配合才能高产,具体比例为 15 ∶ 10 ∶ 20。

紫菜薹的生长前期,抽薹前进行中耕除草。紫菜薹怕旱又怕涝。受旱不但生长不良,而且容易发生病毒病。湿度大则易引起软腐病。应经常保持土壤潮润,避免过旱或过湿。严冬来临前,控制肥水,以免生长过旺,遭受冻害。中期注意摘除老黄叶和病叶,增加植株的通风和透光。确保 10 月中下旬封行。

5. 适时采收 正确掌握采收标准是保证菜薹质量和提高产量的重要环节。"头薹不掐,侧薹不发"。主薹生长至 40 厘米并初花时为采收适期,以促使基部腋芽抽发侧薹。采收时应在菜薹基部割取,保留少数腋芽,以保证侧薹粗壮。切口略倾斜,以免追肥浇水时积肥水,引起软腐病。

(四)病虫害防治

紫菜薹病害主要有病毒病、软腐病和霜霉病,虫害主要有蚜虫、菜青虫、小菜蛾和斜纹夜蛾等。各种病虫害的具体防治方法可参照大白菜的病虫害防治进行。

第三节 结球甘蓝、结球芥菜栽培技术

一、结球甘蓝

(一)特征特性

1. 植物学特性 甘蓝主根肥大,主要分布在30厘米以内的表土层中。茎短缩,外短缩茎着生莲座叶,内短缩茎着生球叶。进入生殖生长阶段后,短缩茎顶端抽出花薹称为花茎。叶包括子叶、基生叶、幼苗叶、莲座叶和球叶。叶面有粉状蜡质,可减少水分蒸腾,因而比大白菜抗旱力强。花为完全花,复总状花序,是典型的异花授粉作物。果实为长角果,圆柱形,每个荚果有种子20粒左右。种子圆球形,红褐色或黑褐色。千粒重3.3～4.5克。干燥情况下种子的寿命为2～3年。

2. 生长发育特性 甘蓝为二年生作物。第一年完成营养生长,形成叶球。经过冬季低温完成春化后,第二年春、夏季开花结实,完成整个生育过程。

营养生长包括发芽期、幼苗期、莲座期、结球期和休眠期。从播种至第一对基生叶显露为发芽期,该时期主要依靠种子自身贮藏的养分,一般为10～20天。从第一片真叶显露到第一叶环形成为幼苗期,一般需要25～30天。从第二叶环开始出现至形成第三叶环、开始结球时为莲座期,早熟品种需20～25天,中晚熟品种需30～35天,该时期植株形成16～24片外叶,叶片和根系生长较快,此期结束时,中心叶开始向内抱合。由心叶抱合到叶球形成为止为结球期,此时期生长量最大,早熟品种需20～25天,中晚熟品种需30～50天。叶球形成后,种株要经过几个月的冬季贮藏,进入强制休眠期。

甘蓝是冬性较强的作物,由营养生长到生殖生长对环境的要求较严格。甘蓝的生殖生长包括抽薹期、开花期、结荚期。

3. 对环境条件的要求

(1)温度　结球甘蓝喜温和气候,比较耐寒,其生长温度范围较宽。发芽适温18℃~25℃,在2℃~3℃时种子即可开始发芽,8℃以上幼芽就能出土。幼苗期生长适温为15℃~25℃,莲座期生长温度范围为7℃~25℃,结球期适温为15℃~20℃。甘蓝对高温的适应能力较强,幼苗和莲座期能适应25℃~30℃的高温,结球期耐高温能力下降。甘蓝对低温的耐性也较强,刚出土的幼苗抗寒性较弱,随着植株长大耐寒力逐渐加强。6~8片叶的壮苗可耐较长时间-1℃~-2℃及较短时间的-3℃~-5℃的低温,经过锻炼的幼苗可忍耐极短时间-8℃~-10℃的严寒。结球期较耐低温,10℃左右叶球仍能缓慢生长,早熟品种叶球可耐短期-3℃~-5℃的低温。抽薹期需要的温度较高,适温为20℃~25℃。10℃以下影响正常结实。

(2)光照　甘蓝适于中等强度的光照,在营养生长期充足的光照有利于生长。多数品种对光照强度的要求不严格,故在阴雨天多、光照弱的南方地区和光照强的北方地区都能生长良好,在高温季节适当遮荫亦能取得丰产丰收。甘蓝属长日照作物,通过春化阶段后,长日照有利于抽薹开花。

(3)水分　甘蓝的外叶大,蒸腾作用强;根系分布浅,吸收力不强。所以要求湿润的环境。在空气相对湿度为80%~90%、土壤含水量为田间最大持水量的70%~80%条件下生长良好。甘蓝不耐涝,雨水过多、排水不良时,根系易褐化死亡。

（4）土壤和营养　　甘蓝对土壤的要求不严格,适应性较强,以中性和微酸性土壤较好且可忍耐一定的盐碱性,在含盐量 0.75%～1.2% 的盐渍土上也能正常结球。甘蓝为喜肥、耐肥作物,前期需要大量的氮肥,结球期需要较多的磷和钾肥,在整个生育时期吸收氮、磷、钾的比例是 3∶1∶5。

（二）品种选择

冬季栽培多选用冬性较强的品种或杂种 1 代。长江流域较寒冷地区宜选用中甘 11 号、中甘 12 号、8398、荷兰 3012 等;较温暖地区宜选用寒光、晚丰、京丰 1 号、黄苗甘蓝等。

（三）栽培技术

1. 适时播种　　长江中下游地区,春甘蓝应在 10 月上旬以后播种,小苗露地越冬,翌年 3 月下旬至 5 月份上市供应。甘蓝的耐寒性较强,一般不用保温性能很好的保护设施。育苗通常用阳畦、塑料大棚,也有用温床、电热温床进行育苗的;定植需要的保护设施一般是塑料大棚、小拱棚或风障阳畦。育苗畦应建在向阳、背风、高燥、易灌水、肥沃,且前茬作物不是十字花科作物的地块。在秋末冬初,每 667 平方米施腐熟有机肥 3 000～5 000 千克,深翻,做畦。播种前 10～15 天扣上塑料薄膜,夜间加盖,尽量提高育苗畦的地温。

甘蓝种子播种前可浸种,但浸种时间不宜过长,一般以 1 小时为宜。选晴暖天气上午进行播种,通常采用撒播,每平方米用种 3～8 克,撒种后上覆细土 1 厘米厚,扣盖塑料薄膜,保湿保温。

2. 苗床管理　　播种至出苗前扣严薄膜,尽量提高育苗畦的温度,保持畦温 20℃～25℃,促进迅速出苗。苗出齐后通风降温,保持白天 15℃左右、夜间 5℃,防止温度过高造成秧苗徒长。苗期应注意早揭晚盖,延长见光时间,改善光照条件。在幼苗 1 片真叶时,选晴暖天气进行间苗,间除过密及病、残、弱苗,保持苗距 2～3 厘米。间苗后立即撒一层细干土,弥补土壤的洞隙和裂缝。苗期外界温度很低,蒸发量少,幼苗吸水较少,浇水会降低地温和增大空气湿度,因而一般不浇水不追肥。

在甘蓝 2～3 叶期进行分苗,以扩大营养面积,防止徒长。分苗过早,幼苗太小不易操作;分苗太晚,苗体太大,伤根较多。分苗的株行距为 10 厘米×10 厘米,也可将苗分在营养钵内。分苗栽植深度以与原生长深度相同为宜。分苗后立即浇水,扣严薄膜。分苗后 4～5 天内尽量提高畦内温度,白天保持15℃～20℃,夜间不低于 8℃,促进幼苗迅速缓苗。缓苗后降低温度。白天保持 15℃,防止温度过高发生徒长;夜间温度应在 8℃～10℃,防止长期低温使幼苗通过春化阶段而先期抽薹。总体来看,甘蓝育苗的温度管理应掌握"前蹲后促"的原则,即小苗期给予低温锻炼,大苗期给予高温防止通过春化阶段。

3. 定植 整地时,结合深翻,每 667 平方米施腐熟有机肥5 000千克,做成 1.2～1.5 米宽的平畦。定植前 10～15 天在塑料大棚、阳畦等保护设施内扣上塑料薄膜,尽量提高设施内的地温。定植应选在晴天的上午进行,争取定植后有较长的高温天气,露地 10 厘米地温稳定在 5℃以上。起苗时应小心,尽量减少损伤。栽植深度以秧苗土坨表面与畦面相平为度。定植密度,株行距以早熟品种 35 厘米×(50～60)厘米晚熟品种 40 厘米×(50～60 厘米)为宜。

4. 田间管理 定植浇水后,应及时中耕松土,提高地温,促进根系发育。缓苗期蒸发量不大,尽量少浇水。定植半个月后,结合浇水追肥 1 次,每 667 平方米施尿素 10～15 千克。

追肥后莲座叶开始旺盛生长,待地稍干时立即中耕。当开始结球时,应开始大量追肥,每 667 平方米施尿素或复合肥20～25 千克,或随水冲施腐熟有机肥 700～1 000 千克。有条件时,适当追施钾肥 20～30 千克,以促进叶球发育。结合追肥应及时浇水,结球后保持土壤湿润。

5. 采收 冬季栽培的品种,上市越早价格越高,所以早熟甘蓝叶球达到 400～500 克时即可采收上市。结球期甘蓝的生长速度快,如果价格平稳时可适当晚收,增加产量。

(四)病虫害防治

甘蓝的病虫害防治方法可参照大白菜的防治进行。

二、结球芥菜

结球芥菜是十字花科芸薹属二年生草本植物,又称包心芥菜、盖菜。原产中国,以叶球和叶片为食用部位。生长期较短,较耐寒,产量较高,可周年栽培。结球芥菜中含有硫代葡萄糖苷,经水解作用可产生具有挥发性的芥籽油。结球芥菜质地脆嫩、味鲜,营养丰富。

(一)特征特性

1. 植物学特性 直根系,须根多,主根较细,根系不发达,根群主要分布在 20～30 厘米土层内。株高 37～42 厘米,开展度 45～62 厘米。基生叶阔矩圆形,平展生长,叶面皱缩,叶缘波状,浅绿色,幼叶面有粗毛。叶柄短,横断面扁弧形,中肋宽约 4 厘米,具沟,后期抱合成扁圆形叶球,紧实程度因生长温度不同而不同。花为两性花,复总状花序。种子红褐色、圆形,种粒小。千粒重 1 克左右。

2. 对环境条件的要求 喜冷凉,较耐寒。喜光,属长日照作物。不必经过较长的低温期就能通过春化阶段,并在高温、长日照条件下抽薹开花。营养生长期间喜欢较湿润的环境，既不耐旱又不耐涝。宜在土壤结构适宜、理化性质良好、耕层深厚、肥力较高、地势平坦、排灌方便的地块种植，尤以壤土、砂壤土及轻黏土最适宜，pH值以6.5~7.5为好。需肥量较多，生长前期对氮肥需求量大，磷肥次之；叶球形成期对氮肥和钾肥需求量增多，其吸收氮、磷、钾的比例为1：0.4：1.1。

(二)品种选择

我国结球芥菜品种分为早熟和晚熟两种类型。目前适合种植的有北京盖菜、大坪埔包心芥菜、厦门包心芥菜和包心大肉芥菜等。

(三)栽培技术

1. 播种育苗　结球芥菜多采用育苗移栽，但以较小植株采收的也可直播。秋季露地栽培采用中、早熟品种。长江流域一般在9月份播种，收获期在当年12月前后。

育苗床应选疏松、肥沃、能排能灌的壤土，并且前茬不能种植十字花科蔬菜。每667平方米施入腐熟、细碎的优质有机肥3 000千克或腐熟商品有机肥1 000千克，早耕、深耕2次，整平。做成长8米左右、宽1.3~1.5米的平畦。

播种前2天要晒种，以增强种子的生活力。先用10%磷酸三钠浸种20分钟，再用常温水浸种3~4小时，搓洗净种皮上的黏液后晾干即可播种。一般每平方米苗床播种3~5克，采用条播或撒播。条播按10厘米行距开沟，播种后覆土、浇水。播后喷施48%乐斯本1 000倍液防地下害虫及蚂蚁拖食种子，秋季播种后可覆盖遮阳网，以促出苗整齐和防雨水。幼苗出土后，遇旱要在早晨和晚上淋水，保持土壤湿润，培育壮苗。等到70%的幼苗出土后要及时去除遮阳网。芥菜苗长到 5~8 叶时即可移植。

培育壮苗是植株生长的关键环节。壮苗标准为:根系发达,具 4~6 片真叶,叶片肥厚,无病虫害。温度管理上,从播种到出苗温度保持在 25℃ 左右;从出苗到定植白天 20℃ ~25℃,夜间 10℃~12℃;定植前 5~7 天,白天 15℃ 左右,夜间 6℃~8℃。水肥管理上,如基肥不足,在第二片真叶展开后追施 1 次提苗肥,每 667 平方米施氮磷钾复合肥 10 千克。床土保持见干见湿,每 5~7 天浇 1 次水。苗出齐后应及时间苗 1~2 次,株距 6~8 厘米,行距 10 厘米。幼苗长至 2 片真叶时,行间应及时松土除草。

2. 整地定植 定植前每 667 平方米施腐熟细碎的有机肥 3 000 千克或商品有机肥 1 000 千克以上,耕翻 2 次后,整平做成长 6~8 米、宽 1.3~1.5 米的平畦。定植选在晴天上午进行,株距 35~40 厘米,行距 40~45 厘米,每 667 平方米栽植 3 800~4 800 株。定植时,以土坨在地面以下 1~2 厘米为宜,不要埋住心叶,及时浇足水。

3. 田间管理 定植后 3~5 天浇 1 次缓苗水,中耕松土。蹲苗 10~15 天后行间中耕,深度 5 厘米左右。蹲苗结束后及时浇水,要经常保持土壤湿润,以小水勤浇为好;结球初期浇水促进发棵,结球中期结合追肥浇水,后期适当控水促进包心。

为保证芥菜优质,定植成活后至结球初期,应结合中耕培土除草。营养管理上,每 667 平方米分 2 次共施入尿素 10 千克、进口复合肥 5 千克,促进芥菜健壮生长;进入结球期,植株封行时,要进行最后 1 次中耕培土施重肥,每 667 平方米施尿素 7 千克、进口复合肥 7 千克、腐熟花生麸 7 千克;以后看植株生长情况,可通过喷施叶面肥补充营养。

4. 采收 早期采收的嫩株,去除黄叶捆成小捆上市。以后叶球直径 10～12 厘米、较紧实时即可采收,去除黄叶、老叶装筐上市。在温度 0℃～2℃、空气相对湿度 98%～100% 的条件下,一般可贮存 30～50 天。

(四)病虫害防治

对结球芥菜危害较重的病虫害主要有病毒病、软腐病、黑腐病、蚜虫、潜叶蝇等。在药剂防治上按照"预防为主,综合防治"的植保方针,严格控制农药用量和安全间隔期,不允许使用高毒高残留农药。

药剂防治黑腐病时,发病初期选用 47% 加瑞农可湿性粉剂 800 倍液或农用链霉素 200 毫克/升喷雾,每隔 5 天喷 1 次,连喷 3～4 次。

霜霉病、病毒病的防治与菠菜相同。蚜虫和斑潜蝇的防治可参照菠菜的防治方法。

第四节　绿叶菜类蔬菜栽培技术

一、芹　菜

芹菜是一种营养丰富、维生素 C 含量较高的蔬菜,可生食、熟食、腌制,食用部分主要为叶柄。

(一)特征特性

1. 植物学特性 芹菜为浅根系,直播时主根发达,移栽时主根受伤后能迅速形成大量侧根。吸收根主要分布在17～20 厘米的土层内,故不耐旱也不耐涝,适于育苗移栽。营养生长期茎缩短,叶片簇生在短缩的茎盘上。叶为羽状复叶,叶柄长而肥大,为主要的食用部分。芹菜花小、白色,虫媒花,为常异花授粉植物。果实为双悬果。种子暗褐色,椭圆形表面有纵沟。千粒重仅 0.4～0.5 克。

2. 对环境条件的要求

(1)温度 芹菜为耐寒性蔬菜,在冷凉湿润的气候条件下生长良好,但耐寒力不如菠菜。种子发芽和生长适温为 15℃～20℃,营养生长适宜温度白天为 20℃～22℃,夜间为 13℃～18℃。幼苗可耐－4℃～－5℃低温,成株可耐短期－7℃～－8℃的低温。一般夜间温度应保持在 5℃以上,才能保证芹菜的正常生长。

(2)光照 芹菜营养生长期对光的要求不太严格,较耐阴。短日照有利于改善品质,低温长日照可促进花芽分化和抽薹开花,高温强光下则纤维多、品质差。栽培上常采用遮阳或培土的方法使芹菜质地鲜嫩,达到软化之目的。

(3)水分 芹菜根系浅,吸水能力弱,喜湿润、忌干燥,对土壤和空气湿度均要求较高。若水分不足,则生长受阻,品质也受影响。

(4)土壤和营养 芹菜适宜在富含有机质和保水、保肥力强的壤土或黏壤土中生长。营养上,生长期以氮肥供应为主,结合使用磷、钾肥。芹菜对硼反应敏感,缺硼时,易生心腐病或叶柄发生裂纹。

(二)品种选择

1. 本芹(中国芹菜) 株高 1 米左右,叶柄较窄、纤维较多、味道较浓。如开封玻璃脆、天津白庙芹菜等。

2. 西芹 株高 60～80 厘米,叶柄宽厚、纤维少、质脆、味淡,可以当做水果食用。当前栽培较多的有美国西芹、日本西芹、高犹他等品种。这些品种叶色深绿、叶柄宽大肥厚,品质好。

(三)栽培技术

1. 培育壮苗

(1)苗床准备　宜选地势较高、排灌方便、土壤肥沃、保水保肥性好的地块,要求精细整地,细碎平整,施入充分腐熟的有机肥。为了避免强光暴晒和防雨降温,有利于幼苗出土,苗床需搭遮阳棚,在苗床埂外搭小拱棚(高 1～2 米)覆盖旧薄膜,四周裙膜均应卷起离开地面,以便苗床内通风凉爽。下雨时要将卷起的薄膜放下,防止雨水流进苗床造成涝害。在旧薄膜下最好覆盖一层遮阳网或苇帘、带叶树枝、杂草等,起到遮阳降温作用。苗床四周要挖好灌、排水沟。

(2)适时播种　在长江流域秋播可于 7 月上旬至 10 月上旬播种,采收期为 10 月上旬至翌年 3～4 月份。夏、秋季播种,由于高温干燥,对秧苗生长不利,多采用小拱棚覆盖遮阳网育苗。

(3)种子处理　夏季温度高,芹菜发芽困难,在播种前需进行浸种催芽。先把种子放在冷水中浸泡 12～14 小时,然后用湿布包好,置于 20℃左右的冷凉处催芽,待芽尖露出时即可播种。每平方米苗床可播种子 2～3 克,每 667 平方米需种量 1 334～2 001 克。播种后覆盖 0.5 厘米厚的肥土,浇足水后,再盖一层稻草或树叶,待苗出齐后揭去稻草或树叶,改用小拱棚并覆盖遮阳网或草帘。

(4)苗期管理　苗期要勤浇水,晴天早晚都要浇灌,保持土壤湿润。待秧苗长出 2～3 片真叶时,要注意匀苗除草。适宜苗床使用的除草剂种类很多,其中以二甲戊乐灵(施田补)和恶草酮(农思它)效果最好。每 667 平方米苗床用药 120～150 克,对水 75 升,向畦面均匀喷雾,除草效果明显,对芹菜无任何药害。此时逐渐揭去覆盖物,使其逐步适应外界环境。

一般播后 8～10 天即可齐苗。齐苗后先间去并生苗、过稠苗；半月后进行第二次间苗,苗距 1～1.5 厘米;1 个月后进行第三次间苗,苗距 4～5 厘米。每次间苗后可灌 1 次小水压根。芹菜幼苗根系浅,抗旱能力差,在育苗期间要始终保持畦面湿润。每次间苗后用健植宝和好意混合药液喷洒幼苗,可防治多种苗期病害,并有利于形成壮苗。

2. 定植　一般苗龄 50～60 天、苗高 10 厘米、4～5 片真叶时,即可定植。定植应选择通风、阳光充足、土质疏松肥沃的田块,定植前深翻晒白,施足基肥。一般每 667 平方米施腐熟有机肥 3 000～4 000 千克,过磷酸钙 40～50 千克,硫酸钾 7～10 千克,硫酸铵 30～40 千克或复合肥 75 千克。施足基肥后翻耙,将肥与土充分混和均匀。一般进行平畦定植,畦宽 1.5～1.7 米(包括沟)。软化栽培可用沟栽。

3. 田间管理　充足的肥水供应是芹菜优质高产的保证。定植后 7～10 天,可施 1 次 10% 左右的稀薄粪水,或每 667 平方米用尿素 5 千克进行淋施,促进幼苗形成良好的根系,恢复生长。以后每 667 平方米可用尿素 10 千克或 30%～40% 的人粪尿水进行 1～2 次淋施,促进心叶生长。定植后 50～70 天生长速度最快,是形成产量的关键时期,应重施追肥,并适当配施一定量的磷、钾肥以充分满足芹菜生长的需要,每 667 平方米可用尿素 15 千克和复合肥 10 千克混合施用,以后每 667 平方米可用尿素 10 千克和复合肥 5 千克施用 1～2 次,全期共追肥 5～6 次。

4. 增产关键　越冬芹菜能在冬季田间完成春化过程,翌年返青后容易抽薹。所以,春季应及时追肥灌水,促使植株在抽薹以前旺盛生长,这是增产的关键措施之一。

(四)病虫害防治

芹菜定植后易发生软腐病、心腐病、斑枯病、菌核病及蚜虫、美洲斑潜蝇等病虫害。应采取综合措施加以防治,并做到以防为主。

(1)农业措施　选用抗病、耐病品种,从无病株上采种。播种前用 48℃ 的温水浸种 30 分钟,可有效杀死种子上的病原菌。实行 2 年以上轮作,及时清除病残体,合理密植,增加通风透光度。合理施肥,施足基肥并增施磷、钾肥和硼肥,培育健壮植株以提高抗病力;合理灌溉,不能大水漫灌。

(2)药剂防治　发现病株立即拔除并用药剂控制,防止病情蔓延。一般每 7～10 天施药 1 次,连续用药 2～3 次。对斑枯病用 3% 农抗 120 水剂 100 倍液,75% 百菌清可湿性粉剂 600 倍液,70% 甲基托布津可湿性粉剂 800 倍液等防治;对早疫病用 77% 可杀得 500 倍液,3% 农抗 120 水剂 100 倍液,50% 多菌灵可湿性粉剂 500 倍液等防治;对菌核病用 50% 速克灵可湿性粉剂 1 500 倍液,50% 农利灵 1 000 倍液,50% 菌核净 1 000 倍液喷雾防治;对软腐病和心腐病,在发病初期喷洒 72% 农用链霉素或新植霉素 3 000～4 000 倍液,14% 络氨铜水剂 300 倍液,30%DT 胶悬剂 500 倍液喷雾防治。

二、菠　菜

菠菜为藜科菠菜属以绿叶为主要产品的一二年生草本植物。原产亚洲西部的伊朗,已有 2 000 年以上的栽培历史。菠菜可凉拌、炒食、做汤或作为火锅料,欧美一些国家用来制罐头,是主要的绿叶菜。菠菜在长江流域地区种植多在 10 月上中旬播种,春节前后上市。

(一)特征特性

1. 植物学特性　菠菜直根发达,红色,味甜可食,营养物质含量高。主要根群分布在 25～30 厘米的耕层内。叶呈戟形或近似卵形,色泽深绿,质地柔嫩。营养生长期叶片簇生于短缩的茎盘上,为主要食用部分。菠菜的花多数为单性花,也有少数两性花。多数雌雄异株,少数雌雄同株。形成有刺或无刺的果实,即为栽培上使用的"种子"。种子外面有革质果皮,水分和空气不易进入,故发芽困难。种子的发芽率一般在78％左右。种子千粒重为 8～10 克,发芽年限为 3～5 年。

2. 对环境条件的要求　菠菜耐寒力强,种子发芽始温4℃,适温 15℃～20℃,冬季平均最低温为－10℃左右的地区可在露地越冬。耐寒力强的品种具有 4～5 片叶时,短期可耐－30℃的低温。菠菜是典型的长日照作物,只有在长日照条件下才能够进行花芽分化,花芽分化的温度范围很宽,夏播菠菜未经 15℃ 以下低温仍可分化花芽。菠菜在生长过程中需要大量的水分。如水分供应不足,则生长缓慢,品质差。特别是在温度高、日照长的季节,水分缺乏时,易提早抽薹。菠菜对土壤的适应性较广。适宜的土壤 pH 值为 6～7,耐微碱。营养上,生长期以氮肥供应为主,结合施用磷、钾肥。

(二)品种选择

春季和越冬栽培应选择耐寒性强、冬性强、抗病、优质、丰产的品种,如急先锋、全能、圆叶菠、迟圆叶菠、华菠 1 号、辽宁圆叶菠菜等品种。

(三)栽培技术

1. 整地做畦　菠菜主根粗大,入土深,吸水力强,耐旱不耐涝,如雨水偏多田间积水,容易造成烂根。因此,以选择排水良好的沙质壤土栽培为宜。为使土壤疏松应多施腐熟的厩肥作基肥。为防止土壤积水烂根,要做到畦畦有沟,小雨不积水,大雨不成灾,地干能抗旱。

2. 播 种

(1)种子处理 菠菜用干种子播种发芽较慢。为促使菠菜种子提早发芽,在播种以前可采用浸种催芽、低温催芽、用木桩捣破果皮后破籽催芽或破籽后浸种催芽等方法。由于播种前采用不同的种子处理方法,播种后发芽、生长的速度也不同。如果加大播种量,采用多种方法处理种子,可以达到一次播种分期采收的目的。

(2)播种方法及播种量 菠菜一般用撒播,也可采用条播。条播行距 10～15 厘米,开沟深度 5～6 厘米。一般每 667 平方米播种量 7.5 千克左右,播前先浇水,播后保持土壤湿润。

(3)播期确定 越冬菠菜当秋季日平均气温下降到 17℃～19℃时为播种适期,长江流域地区多在 10 月下旬至 11 月上旬。

3. 田间管理 菠菜播种后经 5～7 天出苗,幼苗生长缓慢,杂草容易滋生,应及时拔除。当苗高 6～7 厘米时应间苗。菠菜追肥应掌握"天热宜稀,天冷宜浓;前期宜稀,后期宜浓"的原则。菠菜为多次采收的蔬菜,在每次收获以后都应施肥,以促进小苗生长。为加速菠菜生长提高产量,在生长期间可用赤霉素处理。一般在采收前 10 天使用,早秋用 10～15 毫克/升,秋、冬季用 20～25 毫克/升的浓度喷洒,喷洒以后也需施肥,以充分发挥其增产效果。

4. 采收 菠菜为一次播种多次采收的绿叶蔬菜,采收时应掌握"细收勤挑、挑得均匀"的原则,使留下的植株有基本相等的营养面积,让它充分发棵生长一致,以延长供应期和提高产量。菠菜适期播种、分次采收的产量最高,一般播种后30～50天、有4～5叶时便可开始采收。采收间隔为15～20天。

(四)病虫害防治

菠菜生长期间主要病害有霜霉病和病毒病;虫害有蚜虫、菠菜潜叶蝇和甜菜夜蛾。现介绍霜霉病、病毒病和蚜虫的防治。

1. 菠菜霜霉病

(1)农业措施　发现病株,及时拔除销毁;加强栽培管理,做到密度适当,科学灌水、降低田间湿度。

(2)化学防治　在发病初期可用58%甲霜灵·锰锌可湿性粉剂500倍液,69%烯酰吗啉可湿性粉剂1 000倍液,72.2%霜霉威水剂800倍液喷雾防治,每7～10天喷1次,连续防治2～3次。

2. 菠菜病毒病

(1)农业措施　由于菠菜生长期短,一般病毒病发病后很少用药。关键在于苗期治蚜,做好预防工作:及时清除田间杂草;加强田间管理,适时播种,及时浇水降低地温,改变田间小气候;施足有机肥,氮、磷、钾肥配合施用,提高菠菜抗病能力。

(2)化学防治　发病初期喷洒1.5%植病灵乳剂1 000倍液,20%病毒A可湿性粉剂500倍液进行防治,每10天左右喷1次,连喷2～3次。

3. 蚜 虫

(1)农业措施　黄纱网育苗,银灰膜驱避蚜虫,黄板引诱蚜虫;利用七星瓢虫、草蛉、食蚜蝇等天敌;洗衣粉灭蚜时,每667平方米用洗衣粉400～500倍液60～80升,连续喷2～3次,效果较好。

(2)化学防治　用50%抗蚜威(辟蚜雾)可湿性粉剂或水分

散粒剂 2 000～3 000 倍液,3％啶虫脒乳油 3 000 倍液喷雾防治蚜虫;用 10％灭蝇胺水剂 2 000 倍液,5％氟虫脲乳油 1 000 倍液喷施防治菠菜潜叶蝇;用 24％美满(甲氧虫酰肼)悬浮剂 2 000倍液,10％虫螨腈悬浮剂 1 500 倍液喷雾防治甜菜夜蛾。

第五节　葱蒜类蔬菜栽培技术

一、洋　葱

洋葱是百合科二年生草本植物。耐寒、喜温、适应性强、产量高、易栽培、耐贮运、供应期长,已有 5 000 年的栽培历史。对调节淡季蔬菜供应具有重要作用。可生食、炒食、调味,也可加工成脱水蔬菜,远销国外。洋葱鳞茎含有丰富的碳水化合物、蛋白质、维生素、矿物质和挥发性的硫化物,具有特殊的香味。

(一)特征特性

1. 植物学特性　洋葱的根系入土深度和横展直径可达30～40 厘米,在耕层浅的土壤上,形成浅根性的根群,吸收能力弱,耐旱性也差。营养茎十分短缩,生殖生长期抽生花薹。茎盘上部环生圆筒形的叶鞘和芽,叶鞘相互抱合成假茎。叶身筒状中空,腹部凹陷,表面具有蜡粉。生长后期,积累的养分输送到叶鞘基部形成肉质鳞片。

2. 对环境条件的要求　洋葱耐寒且适应性广,种子的发芽温度为 5℃～25℃,适温为 20℃。生长适温为 15℃～20℃,其中地上部为 20℃左右,地下部为 16℃左右。洋葱为长日照植物,在生长发育期间,对光照强度的要求为中等。洋葱要求较高的土壤湿度和较低的空气湿度,尤其在发芽期、叶部生长盛期和鳞茎膨大期,供给充足的水分是获得丰产的关键。洋葱要求肥沃、疏松、保水保肥力强的土壤。幼苗期以施氮肥为主,鳞茎膨大期增施磷、钾肥能促进鳞茎膨大和提高品质。

(二)品种选择

目前栽培的品种主要有红皮洋葱和黄皮洋葱,均为早中熟种。其中红皮洋葱以市场鲜销为主,耐贮运,休眠期短,萌芽期早;黄皮洋葱产量高,可作脱水加工用,以加工出口为主,应根据需要选择适宜品种。

生产上应选用抗病、优质、高产、耐贮、适应性强、商品性好的品种,如国产紫星、日本泉州黄、金球 1 号等。

(三)栽培技术

1. 适时播种 洋葱秋播需选择适宜的播期。播种过早,则冬前幼苗过大,翌年春季易先期抽薹,不能正常形成肥大的鳞茎;播种过晚,则幼苗太小,越冬易受冻,成活率低。据试验,一般越冬上冻前以苗长到茎粗 0.5～0.6 厘米、具 3～4 片叶、株高达 18～24 厘米为宜。这样先期抽薹率低,可获得较高的鳞茎产量。长江流域多在 9 月中下旬播种,11 月下旬定植。洋葱播种采用撒播法,在整平耙细的畦面上均匀撒籽,每667 平方米苗床播种 3.5～4 千克,播后再用细齿楼耙浅楼,使种子落入表土中,稍加镇压,盖草浇水,避免干旱和暴雨后土壤板结。当幼苗出土时及时揭去盖草。

2. 培育壮苗 可通过控制水肥、调节幼苗生长的措施,使幼苗达到适龄壮苗标准。出苗前保持土壤湿润,使幼苗顺利出土,整个出苗期需 10～15 天。以后根据天气情况酌情浇水,一般每隔 10 天浇 1 次水。若发现幼苗生长纤弱,可施0.5％尿素等稀化肥水,每 667 平方米用肥 5～10 千克,或施

10％的腐熟粪尿1 000～1 500千克。苗期除草1～2次,注意检查和防治地下害虫。

3. 定 植

(1)整地施肥 洋葱根系生长势弱,入土浅,生长中需要较多的肥料,多施有机肥能使洋葱生长良好。非葱蒜类前茬作物收获后,及时清洁田园,每667平方米施腐熟有机肥2 500～3 000千克、氮磷钾复合肥150千克,浅耕后整平耙细,做成1.2米宽的平畦。

(2)合理密植 定植前1～2天给苗床浇透水,便于保根起苗;洋葱定植时要严格选苗,剔除无根、无生长点、过矮及假茎粗在0.4厘米以下的细弱小苗和假茎粗在0.7厘米以上的过大苗。选用假茎粗在0.5～0.7厘米的适中壮苗,按20厘米×15厘米的密度定植。将苗按大小分级,分别栽植,可使田间植株生长整齐一致,便于管理,对小苗应多施肥水促进生长。为防地下害虫,定植前可将幼苗根系放在90％敌百虫晶体或50％辛硫磷1 000倍溶液中浸根5分钟。定植时,深度以埋住小鳞茎、浇水不倒秧为宜,一般为1.5～2厘米。定植过深,鳞茎膨大受土挤压;栽植过浅,根系生长不良,越冬易出现冻土"拔根"现象,使苗受冻死亡,有的甚至使鳞茎见光变绿,影响其商品性。

4. 田间管理

(1)冬前管理 定植后随即浇1次缓苗水,缓苗期间保持土壤湿润,发现缺苗及时补苗,确保全苗。土壤夜冻日消时再浇1次封冻水,而后在定植穴处撒施秸秆粪、落叶或枯草防寒,使幼苗安全越冬。

(2)返青后管理 翌年开春幼苗返青后,结合浇水每667平方米施人粪尿2 000～2 500千克或硫酸铵10～15千克,趁墒中耕、锄草。葱头开始膨大前,施尿素 10 千克,硫酸钾复合肥 15 千克,肥后浇水,趁墒中耕培土,控墒蹲苗。鳞茎膨大期,每 667 平方米追施尿素 15 千克、氮磷钾复合肥 20 千克,促进鳞茎膨大。期间应视墒情及时浇水,保持土壤见干见湿,严防干旱影响鳞茎膨大。收获前 5~7 天停止浇水。

5. 适时采收 5 月下旬左右即可收获。此时鳞茎已充分肥大,假茎颈部松软,大部分植株倒伏,下部 1~2 片叶枯黄、第三四片叶的尖端部分变黄。收获时选晴天,连根拔起,在田间晾晒 2~3 天,保留 2 厘米长管状茎。注意轻拿轻放,避免机械损伤,采收期间切忌淋雨。收获后在通风阴凉处晾晒,待鳞茎外 3 层皮晾干后,按标准分级贮藏、销售。

(四)病虫害防治

洋葱的主要病害有软腐病、霜霉病、紫斑病等,主要虫害有地蛆、葱蓟马等。优质无公害洋葱病虫害防治应在综合防治措施的基础上,适时、适量地使用高效低毒农药防治。葱叶面有蜡粉,药液中少量加入中性洗衣粉可提高药剂附着力、增加防治效果。

1. 洋葱软腐病

(1)农业措施 选择中性土壤育苗,培育无病壮苗。适期精细定植,促进早发苗。施足腐熟有机肥,及时追肥,避免施肥不当烧苗。及时防治地蛆及葱蓟马、葱小蛾等害虫。农事作业注意不要产生伤口。

(2)药剂防治 发病初期可用 27%铜高尚悬浮剂 500 倍液,78%波·锰锌(科博)可湿性粉剂 500 倍液,12%松脂酸铜乳油 500 倍液,72%农用硫酸链霉素可溶性粉剂 3 000 倍液,40%细菌快克可湿性粉剂 600 倍液,新植霉素 4 000 倍液,77%可杀得可湿性粉剂 500~600 倍液喷洒。注意喷施植株基部,7～10天喷1次,防治1～2次。

2. 洋葱霜霉病

(1)农业措施　选用抗病品种,使用无病地选留好种苗。一般应进行种子消毒。重病地与非葱类作物进行2～3年轮作。及时清理田园。

(2)药剂防治　发病初期可用25%甲霜灵可湿性粉剂1 000倍液,72%克露可湿性粉剂600倍液,64%杀毒矾可湿性粉剂600倍液喷洒,7～10天喷1次,连防2～3次。

3. 洋葱紫斑病

(1)农业措施　同霜霉病。

(2)药剂防治　可用65%代森锌600～700倍液,50%扑海因可湿性粉剂1 500倍液,65%福美锌600～700倍液,75%百菌清可湿性粉剂500～600倍液,64%杀毒矾可湿性粉剂500倍液,40%大富丹可湿性粉剂500倍液,58%甲霜灵·锰锌可湿性粉剂500倍液,隔7～10天喷施1次,连续防治3～4次,均有较好的效果。

4. 蓟马

综合防治　5月份开始大量发生,应加强检疫。可使用50%乐果乳油1 000倍液,50%辛硫磷乳油1 000倍液喷防。

5. 地蛆

(1)农业措施　耕翻土地,于作物收获后及时进行秋翻,消灭一部分越冬蛹。于早春及时整地,使成虫盛发时地表有干土,减少成虫产卵。

(2)药剂防治　浇水时随水每667平方米冲入90%敌百虫晶体或50%辛硫磷1千克防效较好。

二、大　蒜

　　大蒜是百合科葱属中以鳞芽构成的栽培种，它具有杀菌、止痒等功能，其香味独特，适口性较强而深受人们的喜爱。且其栽培方法简单易行，产量较高，经济效益较好。

（一）特征特性

　　1. 植物学特性　大蒜的发根部位以蒜瓣的背面基部为主，腹面根量较少，主要根群集中在 25 厘米以内的表土层中，横展直径约 30 厘米。对水肥反应较为敏感，表现喜湿、喜肥的特点。在营养生长时期，大蒜的茎短缩呈盘状，节间极短，生长点被叶鞘所覆盖。植株分化花芽以后，从茎盘顶端抽生花薹。大蒜叶身扁平带状，叶面积小，叶较直立。蒜薹亦称花茎，中间充实。绝大多数的大蒜品种都不开花结籽，或只是开退化的花而不结籽，但也有个别品种可以结籽。大蒜型鳞茎的特点是有蒜瓣的形成。

　　2. 对环境条件的要求　大蒜喜冷凉，适应温度范围 $-5℃\sim26℃$。发芽适温为 20℃ 左右，叶片生长适温为 $12℃\sim16℃$，蒜薹和蒜瓣发育适温为 $15℃\sim20℃$。大蒜耐短期高温可达 40℃，但长期超过 26℃ 茎叶逐渐干枯，鳞茎也停止生长。大蒜喜湿怕旱，在营养生长前期，应保持土壤湿润，防止土壤过干。特别是在鳞茎膨大期，需要较多的水分。到鳞茎发育后期，应控制浇水，以促进鳞茎的成熟和提高耐藏性。大蒜根系弱小，性喜保水保肥的土壤。大蒜除施用氮肥外，增施磷、钾肥可使鳞茎充实、色泽良好，且较早熟。

（二）品种选择

　　主要品种有上海嘉定白蒜、徐州白蒜、太仓大蒜、吉阳大蒜、舒城大蒜、嘉祥大蒜、毕节大蒜、襄樊红蒜、成都二水早和川西大蒜等。

(三)栽培技术

1. 播前准备　选择疏松肥沃的沙质壤土,每667平方米施腐熟优质有机肥3 000千克以上,35%氮磷钾复合肥100千克,精耕细耙,做成宽4米左右的平畦。播种前选择蒜皮色泽发亮、肥大、无病虫害的蒜瓣,去除断芽、腐烂的蒜瓣,按大、中、小分级,分畦播种,分类管理,以保证植株长势均匀。

2. 播　种

(1)播期确定　在长江流域,大蒜都是在秋季9～10月份播种,把蒜瓣直接排种到大田中。以收获青蒜为目的而栽培时,播种稍早,从7月份开始均可,但早播需低温打破休眠;以收获蒜头为目的而栽培时,播种可迟。

(2)播种方法　生产上为了打破休眠、促进发芽,可在播种前剥去蒜皮或在播种前把蒜瓣放在水中浸泡1～2天,以利于水分的吸收和气体的交换。此外,把蒜瓣放在0℃～4℃的低温下(生产上可利用冷库或冰块)处理1个月,可大大提早发芽。这些方法,特别适用于青蒜栽培,可以提早播种,提早供应。

(3)播种密度和播种量　播种方法是把蒜瓣插入土中,而微露尖端,不宜过深。以收获蒜头为目的时,株行距为15～20厘米×10～13厘米,或更密些,每667平方米播种量50～130千克。株行距越大,鳞茎单球重越大,但易发生畸鳞茎。以收获青蒜为栽培目的时,播种较密,株行距为12厘米×4～7厘米。

3. 田间管理　大蒜播后出苗前每667平方米用24%果尔乳油48～72毫升对水50升进行土壤表面喷施,用药后宜顺行每667平方米覆盖秸草1 000千克,这样不仅可提高药效,而且有利于保墒出苗、御寒防冻、改良土壤。追肥要按照"轻施提苗肥,巧施返青肥,重施抽薹肥,补施催头肥"的原则进行。提苗肥宜在2～3叶期视苗情每667平方米用1000千克腐熟农家有机肥对水泼浇;返青肥宜在3月中旬追施,一般每667平方米施尿素15～20千克,基肥不足的田块每667平方米增施三元复合肥25千克;抽薹肥在4月中旬大蒜鞘叶(最后1叶)刚露尖时追施效果最好,一般每667平方米施尿素10千克、硫酸钾5千克;催头肥宜在采薹后追施,每667平方米施尿素5千克、硫酸钾5千克。蒜头开始膨大后,不宜施肥过多、过浓,以免引起鳞茎腐烂。

播后如遇干旱,则要浇出苗水。另外,浇好防冻水、返青水,每次追肥后要及时浇水。忌大水漫灌。严寒来临前灌水防冻。

大蒜在播后出苗前,一般进行一次化学除草就能控制全程草害的发生。但由于干旱或多雨等不利气候影响,难以达到预想的效果,需进行中耕除草。3叶期至大寒宜进行2次深2厘米左右的中耕,促进根系下扎,培育壮苗;立春至春分宜进行3～4次深1～1.5厘米的浅锄,要求不伤根、不伤苗、除净草。到了翌年4～5月份,鳞茎已经开始膨大,那时雨水多,应注意排水,否则容易引起蒜瓣开散。如果施氮肥过多,新生的蒜瓣幼芽有再度生叶的可能,从而影响蒜头的品质及贮藏性。近来的一些实验表明,采用化学除草剂如除草通、氟乐灵、西马津、阿特拉津的施用,结合有色薄膜覆盖均有较好的除草效果。

4. 采收　大蒜的鳞茎、蒜叶及蒜薹都可以食用。由于采收食用的部位不同,采收的时期与方法也不同。

(1)青蒜的采收　青蒜是以幼嫩的叶子及假茎作为食用,

长江一带于7～8月份播种后,从当年10月份至翌年春季均可采收。但进入夏季后,叶的组织逐渐老化,纤维含量增加,不再作为青蒜食用。采收的方法,绝大多数都是一次连根拔起。但也可以在冬前植株3厘米高左右,在假茎基部,离地面3～5厘米收割1次。收割后,加强肥水管理,可以再生新叶于翌年2～3月份再采收1次。

(2)蒜薹的采收 当田间大部分蒜薹抽出25厘米高、总苞变白、蒜薹刚开始打弯时,应及时采收。采收过早产量低,采收过晚品质差。一般在4～5月份采收,生长整齐的田块1～2次即可采完。采薹前10天停止浇水,使蒜薹与叶鞘适当松离,便于采抽蒜薹。采收应在晴天上午10时以后、茎叶略微萎蔫时进行,因为这时蒜薹韧性较强,采抽蒜薹不易折断。具体方法如下:用双手提薹,手抓住蒜薹在顶叶的出口处,用力均匀向上拔,即可顺利抽出。对难提的蒜薹,抓薹的位置略微下移,带1片叶,或用手在蒜薹基部捏一下,即可抽出。采后用软质绳捆系,每捆0.5～1千克,捆系后摆放在阴凉处,防暴晒。短途运输堆放高度不超过1米,时间不超过5小时,并要防止雨淋日晒。分装、运输、贮存过程应严防污染。

(3)蒜头的采收 蒜头收获适期为大蒜叶片大多干枯,上部叶片由褪色到叶尖干枯慢慢下垂,植株处于柔软状态,假茎已不容易折断时,一般为6月份。蒜头收获过早,组织不充实,水分高,晒后易干瘪,产量低,不耐贮藏;收获过迟,蒜皮变黑,散瓣蒜增多,商品性差。采收蒜薹后18～20天,蒜头基本达到收获标准。但加工盐渍蒜、糖醋蒜的蒜头应比适期提前5天左右收获,以保持其脆嫩的品质风味。收获前1天可轻浇1次水,使土壤湿润,便于起蒜。采收蒜头时要避免蒜瓣受到机械损伤。出口蒜头要随即削去根须,放在田里晾晒,要求后一排的蒜叶搭在前一排的蒜头上,只晒蒜叶,不晒蒜头,以防暴晒灼伤蒜头组织。晾晒过程中要经常翻动,尽快晒干。一般田间晒2~3天即可。分装、运输、贮存过程也应严防污染。

(四)病虫害防治

大蒜病害主要有紫斑病、叶枯病、锈病、病毒病等。大蒜虫害主要为根部虫害,其中有4种为害最为严重,它们是葱种蝇(地蛆)、韭菜迟眼蕈蚊、灰种蝇、小萝卜种蝇。

1. 大蒜紫斑病　可参照洋葱紫斑病的防治方法防治。

2. 大蒜叶枯病

(1)农业措施　翻耕土壤,适时栽植,不要过密。施足粪肥,避免偏施氮肥。加强水肥管理,防止早衰。及时摘除病叶,清理田园。做好紫斑病等病虫害的防治。

(2)药剂防治　发病初期喷洒75%百菌清可湿性粉剂600倍液,50%扑海因可湿性粉剂1 500倍液,64%杀毒矾可湿性粉剂500倍液,47%加瑞农可湿性粉剂600倍液,每隔7~10天喷1次,连续防治3~4次。

3. 大蒜锈病

(1)农业措施　选用抗病品种,避免葱、蒜混种。适时晚播,合理密植。中耕要勤,及时摘除病叶,清理田园。施足粪肥,避免偏施氮肥。重病地与非葱蒜类作物进行2年轮作。

(2)药剂防治　发病初期选用15%三唑酮可湿性粉剂1 500倍液,20%三唑酮乳油2 000倍液,97%敌锈钠可湿性粉剂300倍液,25%敌力脱乳油3 000倍液,25%敌力脱乳油4 000倍液加15%三唑酮可湿性粉剂2 000倍液,70%代森锰锌可湿性粉剂1 000倍液加15%三唑酮可湿性粉剂2 000倍液,每隔10~15天喷1次,连续防治1~2次。

4. 大蒜病毒病

(1)农业措施　避免与大葱、韭菜类作物连作或邻作,苗期严格检查,彻底剔除病苗。加强肥水管理,防止植株早衰,提高植株抗病力。从苗期起开始连续防蚜。

(2)药剂防治　发病初期喷施 20％病毒克星可溶性粉剂 400 倍液或抗毒剂 1 号水剂 300 倍液,也可每株浇灌药液 100 毫升。也可喷洒病毒 A 可湿性粉剂 500 倍液,每隔 10 天左右喷 1 次,连喷 2～3 次。

5. 大蒜虫害

(1)农业措施　耕翻土地,实行冬灌和春灌,消灭一部分越冬蛹。于早春及时整地,使成虫盛发时地表有干土,减少成虫产卵。使用充分腐熟的有机肥,并不露在土面上,可减少成虫产卵。

(2)药剂防治　于成虫盛发期选用化学农药,消灭成虫。可用灭杀毙(21％增效氰·马乳油)4 000～6 000 倍液,90％敌百虫晶体 1 000 倍液,50％乐果乳油 1 000～1 200 倍液,2.5％溴氰菊酯乳油 3 000 倍液,20％速灭杀丁乳油 2 500 倍液,10％二氯苯醚菊酯乳油 2 500～3 000 倍液喷雾。如果成虫期未能防治住,可用上列农药灌根防治幼虫。

三、大　葱

大葱具杀毒抗菌作用,是一种很受欢迎的蔬菜和重要的调味品。在我国有着悠久的栽培历史。因其具有特殊的香辛气味,所以也称香辛类蔬菜。

(一)特征特性

1. 植物学特性　大葱属百合科植物,植株直立。根系属须根系,土壤分布较浅,须根着生在茎盘上,再生能力很强,但吸收能力较弱。叶簇生、管状，圆筒形而中空，先端尖。叶表面被蜡粉。叶鞘为多层的环状排列抱合形成假茎，假茎经培土软化栽培后就是葱白，它是养分的贮藏器官和食用部分，也是大葱的主要经济产物。

2. 生长发育特性　大葱的生育周期可分为发芽期、幼苗期、假茎（葱白）形成期、贮藏越冬休眠期、抽薹开花期和种子成熟期。因为大葱的主要经济产物是假茎（葱白），所以生产上应主攻营养生长，防止抽薹开花。

3. 对环境条件的要求　大葱喜凉爽的气候条件，发芽适温为 15℃～20℃，植株生长适温为 20℃～25℃。低于 10℃生长缓慢；高于 25℃生长不良，叶片发黄，易产生病害；高于 35℃时植株处于半休眠状态，部分外叶枯萎。大葱对光照的需求偏低，适宜密植。大葱耐旱力很强，在土壤含水量为田间最大持水量的 70%～80%、空气相对湿度 60%～70%的条件下生长良好。大葱的根系为弦线状须根，主要分布于地下 30厘米、横向 15～30 厘米的土层内，在排水良好、土层深厚肥沃的壤土中生长较好。整个生长过程中以氮肥为主，生长后期需要较多的磷、钾肥。

（二）品种选择

生产上可种植的品种很多，最常用的有章丘大葱、中华巨葱等品种。这些品种具有抗病力强、生长旺盛、组织充实、质地细嫩、优质高产的特点。

（三）栽培技术

1. 播种育苗

（1）种子处理　种子要选用发芽率 70%以上的当年新种子，播前在清水中浸泡，除去瘪种子和杂质，再将种子放入55℃左右温水中浸种 20～30 分钟，捞出后甩掉种子表面的明水,加种量 5 倍的细沙混匀待播。每 667 平方米苗床需种子 3～5 千克,可供 5～10 公顷大田栽植。

(2)苗床准备　大葱育苗畦要选用地势平坦,地力肥沃,排灌方便,耕作层厚,并且近 3 年内未种过葱、蒜、韭的地块。育苗畦要施用腐熟的土杂肥作基肥,每 667 平方米撒施 5 000 千克,浅耕 20 厘米左右,整平搂细。一般畦长为 25 米,宽 1～1.2 米,畦埂高 10 厘米,底宽 25 厘米左右,踩实劈直。

(3)适时播种　大葱以秋播为主,长江流域一般在 10 月上旬。播种前先将苗床浇足底水,水渗后将种子均匀撒播于畦面,上覆约 1 厘米厚的细土。

(4)苗期管理　播种后 3 天左右,畦面略见干燥能站人时用铁耙搂平畦面,保温保墒,有利于出苗。播种后 6～8 天出苗,待子叶伸直后浇水。苗高 5 厘米后适当浇 2～3 遍水。冬前浇压冻水,并覆盖一层土杂肥或草木灰,以利于幼苗安全过冬。翌年开春葱苗返青后拔除杂草,适当晚浇返青水,浇后划锄。苗高 15～20 厘米时间苗,间密补稀,保持苗距 4～7 厘米,每 667 平方米育苗 12 万株左右。5 月份是葱苗生长旺期,也是培育壮苗的关键时期,每 667 平方米撒施尿素 20 千克,接着浇水,同时防治病虫害。地蛆可用 90%敌百虫晶体或 50%辛硫磷 1 000 倍液灌根 1～2 次;蓟马和潜叶蝇可用 40%乐果乳油 1 000 倍液喷防。移栽前 20 天左右要进行蹲苗,以免造成徒长。

2. 适期定植

(1)定植前的准备

①选地做沟　选地势高燥、排灌方便、近几年无葱蒜类蔬菜茬口的地块,按 80 厘米沟距开沟,一般为南北方向。沟深和沟宽各为 30～35 厘米,沟底用长条镢刨宽为 15 厘米、深为

25 厘米的松土层,并将垄背拍碎踩实。

②施肥起苗 土杂肥可在开沟前普施或在开沟后施于沟底,并且每 667 平方米将磷酸二铵和尿素各 20 千克撒入沟底,刨松待栽。起苗前要先浇水,等干湿适宜时起苗。边起苗、边分级、边栽植。一般在 6 月份移栽,早栽增产显著,栽入大田至少要达到 130 天的生长期,才能满足优质高产的需要。

(2)定植的方式方法

①水插法 先刨松沟底后浇水,待水下渗后立即插葱。左手拿葱苗、根朝下,右手拿葱杈(葱杈为带杈的树枝剥皮削光即可),用葱杈的分叉部抵住葱根须,在沟中线按株距一棵棵插下,叶面应与沟向平行。

②定植的密度和深度 每 667 平方米栽大葱 1.8 万株左右为宜,即沟距 80 厘米,株距 4～5 厘米。深度一般以葱苗心叶距沟面 8 厘米左右为宜。过浅不易培土,容易倒伏,影响质量;过深影响葱苗生长。

3. 田间管理

(1)肥水管理 大葱定植后很快进入炎热的季节,此期大葱生长迟缓,营养吸收很少,基肥可满足其生长需要。该阶段的主要任务是促进缓苗和根系发育,一般不需施用肥水。重点工作是雨后排水、中耕除草。长江流域夏季温度较高,应适当遮荫避免高温影响大葱的生长。直到 8 月上旬开始追肥、浇水。生育期一般追肥 3～4 次,进入 9 月份气候渐凉,大葱生长加快,需肥量增加,应进行第二次追肥,每 667 平方米追施碎饼肥 75 千克或人粪尿 1 000 千克、草木灰 100 千克。9 月中旬以后,天气凉爽,昼夜温差大,是葱白形成期,生长量大,需肥量也较多,应追施发棵肥,每 667 平方米追施尿素 15 千克、硫酸钾复合肥 25 千克。9 月下旬至 10 月上旬是大葱产品形成期,每 667 平方米应施入尿素 15 千克或复合肥 30 千克。每次施肥后都要进行浇水,之后每周浇 1 次水,保持地面见干见湿。收获前 10 天停止浇水。

(2)培土　培土是提高葱白品质的有效途径。在葱白形成期,结合中耕要多次进行培土。培土需在上午露水干后、土壤尚凉爽时进行,培土要遵循"前期浅培,后期高培,每次培土不压葱心"的原则。

4. 收获　11 月上中旬葱白约 40 厘米长时收获。收获时忌猛拔猛拉,避免损伤假茎,拉断茎盘或断根,而降低商品葱的质量。采收时可先挖松根际土壤,用手轻拔葱株,抖落根上泥土,摊放在地里晾晒 2～3 天,待叶片柔软,须根和葱白表层半干时,除去枯叶,分级绑捆,每捆 5～10 千克供应市场。

(四)病虫害防治

大葱的主要病害有紫斑病、锈病、霜霉病等,主要虫害是蓟马、潜叶蝇、葱蝇等。优质无公害大葱病虫害防治要在综合防治的基础上,适时、适量地使用高效低毒农药防治。大葱叶面有蜡粉,药液中加入少量中性洗衣粉可提高药剂附着力,增加防效。

1. 大葱紫斑病　可参照洋葱紫斑病的防治方法防治。

2. 大葱锈病　可参照大蒜锈病的防治方法防治。

3. 大葱霜霉病

(1)农业措施　选用抗病品种,合理选择地块。一般种子要消毒处理,可用 50℃ 温水浸种 25 分钟,或用种子重量 0.3％的 35％阿普隆拌种。增加中耕次数,降低田间湿度,增施磷、钾肥。重病地与非葱类作物进行 2～3 年轮作。及时摘除病叶,清理田园。

(2)药剂防治　可用 25％甲霜灵可湿性粉剂 1 000 倍液,

50％甲霜铜可湿性粉剂 800 倍液,90％乙磷铜可湿性粉剂 500 倍液,72％克露可湿性粉剂 600 倍液,30％绿叶丹可湿性粉剂 800 倍液防治,7～10 天喷 1 次,连防 2～3 次。

4. 大葱虫害 可参照洋葱、大蒜虫害的防治方法防治。

第四章 长江流域冬季蔬菜栽培设施

第一节 冬季蔬菜栽培设施的
类型及覆盖材料选择

蔬菜设施栽培是人为创造适合蔬菜生长发育的小气候环境,从而使蔬菜栽培达到不受或少受外界不良环境条件的影响,而实现优质高效生产。由于设施蔬菜生产的季节往往是露地生产难于达到的,通常又将其称为反季节栽培、保护地栽培等。采用设施栽培可以达到避免低温、高温、暴雨、强光逆境对蔬菜生产的危害,已经广泛应用于蔬菜育苗、早春提前或秋季延后栽培,对于实现蔬菜的周年生产和均衡供应起到关键作用。设施栽培已成为农户种菜增收的重要手段。2005年底全国以设施蔬菜栽培为主体的设施生产面积已经达到270万公顷,预计今后将会进一步稳定增长。

蔬菜设施栽培离不开园艺设施,可用于蔬菜设施栽培的园艺设施包括塑料小棚、塑料中棚、塑料大棚、日光温室、现代化温室等多种类型。不同的园艺设施类型由于结构上的差异导致设施性能存在较大差异,在生产上也有不同的用途。

一、塑料拱棚

塑料拱棚是蔬菜周年生产的重要保护设施之一,它改变了蔬菜生产场所的小气候,人为地创造了蔬菜生长发育的优越条件,可进行提早或延后栽培。这对生产超时令蔬菜,增加供应品种,提高蔬菜单产和品质,增加农民收入,都发挥了巨大的作用。因此,塑料棚在我国南北各地都得到了迅速发展,在蔬菜周年生产中占据着重要的地位。根据塑料棚高度、跨度和占地面积大小,可分为小棚、中棚和大棚 3 种。

(一)塑料小拱棚

1. 类 型 及 结 构　依其形状不同大体分为拱圆形、半拱圆形、双斜面形和单斜面形 4 种(图 4-1),其中拱圆形最为普遍。

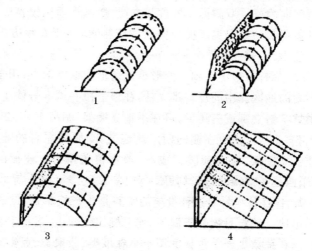

图 4-1　小拱棚的各种类型　(引自李式军《设施园艺学》,2002)

1. 拱圆形小拱棚　2. 拱圆形小拱棚(加风障)
3. 半拱圆形小拱棚　4. 单斜面形小拱棚

(1)拱圆形小拱棚　用竹竿、竹片或 Φ6～8 毫米的钢筋等材料,做成宽 1～2 米、高 0.5～1 米的拱圆形拱架。小拱棚的长度不限,多为 10～30 米。拱架间距约为 50 厘米,外面覆盖塑料薄膜,四周用土压实。

(2)半拱圆形小拱棚　棚的方向东西延长,透明屋面朝南,北面砌成 1 米高的墙,床面宽 2~3 米。用竹竿、竹片、钢筋等作拱架,一端固定在墙顶上,另一端插入土中,拱架间隔 0.1~1 米,外面覆盖塑料薄膜,四周用土压实。拱圆形和半拱圆形小拱棚多用于多风、少雨、有积雪的北方。

(3)双斜面形小拱棚 用木材做成长 3 米、宽 1.5 米的窗框,上面钉上塑料薄膜,2 个窗框呈"人"字形绑在一起,扣在畦埂上或垄上,两头用塑料薄膜盖严。小棚方向以南北延长、东西朝向为好。双斜面小棚拆装方便,通风管理比较容易,夜间可盖草苫防寒保温。棚面倾斜便于排水,适于在南方多雨地区应用。

(4)单斜面形小拱棚 棚形是三角形或屋脊形,适用于南方多雨的地区。中间设一排立柱,柱顶上拉一道 8 号铁丝,两侧用竹竿斜立绑成三角形,可在平地立棚架,棚高 1~1.2 米、宽 1.5~2 米。也可在棚的四周筑起高 30 厘米左右的畦框,在畦上立棚架,覆盖薄膜即成,一般不覆盖草苫。建棚的方位,东西延长或南北延长均可。

2. 特点及应用 这种设施的特点是生产成本低,晴天时升温迅速。缺点是夜晚降温快,加上棚比较矮小,不利于农事操作。在蔬菜生产上主要适用于早春瓜类、茄果类、豆类及速生绿叶蔬菜类的提早栽培。通常将其与地膜覆盖相结合,可以达到提早上市的目的。

(二)塑料中拱棚

1. 类型及结构 塑料中拱棚比小拱棚稍大,人可以进入棚内操作。一般宽 4~6 米、长 15~20 米,脊高 1.5~1.8 米,面积 40~200 平方米。根据其结构形式可分为以下 3 种类型。

(1)竹木结构拱圆形中棚 跨度一般为 3~4 米,中间设立单排柱或双排柱,纵向设一二道拉杆,以棚架连为整体。

(2)半拱圆形中棚　其方位为东西延长,透明屋面朝南,在北面筑高 1 米左右的土墙,沿墙头向南插竹竿,间距 50 厘米左右,形成半拱圆形支架,覆盖薄膜即成半拱圆形中棚。

(3)组装式拱圆形中棚　用钢筋或薄壁钢管焊接成活动式的中棚架,覆盖薄膜即为组装式拱圆形中棚。

2. 特点及应用　除用于春季提早栽培外,还可用于秋季延后栽培和育苗,性能介于塑料小拱棚和塑料大棚之间。

(三)塑料大棚

1. 类型及结构　塑料大棚一般占地面积为 333～667 平方米,宽 8～15 米,长 50～60 米,中高 2.5～3.5 米,边高 1～1.5 米。根据骨架材料可分为竹木结构、钢结构、混合结构和硬质塑料结构大棚。目前,各地多数用的都是竹木结构大棚。投资较高的钢筋和钢管结构大棚,在经济基础较好的地区也在逐步发展。

(1)竹木结构大棚　大棚的跨度为 8～12 米,高 2.4～2.6米,长 40～60 米,每栋生产面积 333～666.7 平方米。竹木结构塑料大棚造价低,一般每 667 平方米地投入为 3 000～5 000 元。其优点是建造方便,在竹资源比较丰富的地区是进行设施栽培的首选,其结构特点是具有"三杆一柱"(拱杆、拉杆、压杆和立柱)。缺点一是寿命较短,一般使用 2～3 年就需要更换骨架材料;二是设施内部由于立柱较多,存在较多阴影。现在推广使用的悬梁吊柱式竹木结构大棚可有效改善设施内部的光照情况(图 4-2)。

(2)装配式镀锌钢管大棚　装配式镀锌钢管大棚的优点是大棚比较规范,使用寿命长。现在普遍采用的装配式镀锌薄壁钢管大棚管径一般为 $\Phi25$,管壁厚 1.2～1.5 毫米,使用寿命在 10～15 年之间。采用卡具和套管组装成棚体,覆盖材料也采用卡槽固定,拆卸比较方便(图 4-3)。

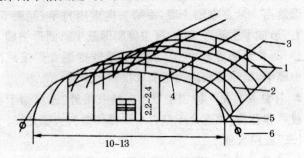

图 4-2 悬梁吊柱式竹木结构大棚示意图 （单位:米）

（张振武等,1995）

1. 立柱 2. 拱杆 3. 拉杆(纵向拉梁)

4. 吊柱 5. 压杆(或压模线) 6. 地锚

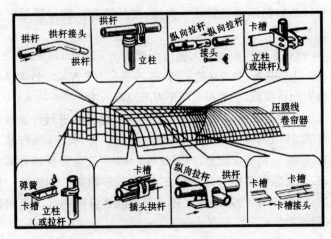

图 4-3 装配式镀锌钢管大棚的结构 （王惠永,1981）

塑料钢管大棚的生产已经有了国家标准,如国产 GP 系列和国产 PGP 系列,棚内空间较大,两侧附有手动式卷膜器,作业方便,南方都市郊区普遍应用。由于长江流域雨水较多,夏季高温,生产上采用的塑料大棚跨度宜在6~8米之间,以利于排水;高度宜在3~3.5米之间,以利于夏季通风降温(表4-1)。塑料钢管大棚的缺点是成本相对较高,一般每667平方米地投入多在1.5万~1.8万元之间。

表 4-1　GP、PGP 系列装配式钢管大棚主要技术参数　(单位:米)

(引自李式军《设施园艺学》,2002)

型　号	宽度	高度	长度	肩高	拱间距	拱架管径
GP-C 2.525	2.5	2	10.6	1	0.65	Φ25×1.2
GP-C 425	4	2.1	20	1.2	0.65	Φ25×1.2
GP-C 525	5	2.2	32.5	1	0.65	Φ25×1.2
GP-C 625	6	2.5	30	1.2	0.65	Φ25×1.2
GP-C 7.525	7.5	2.6	44.4	1	0.6	Φ25×1.2
GP-C 825	8	2.8	42	1.3	0.55	Φ25×1.2
GP-C 1025	10	3	51	0.8	0.5	Φ25×1.2
PGP 5.0-1	5	2.1	30	1.2	0.5	Φ20×1.2
PGP 5.5-1	5.5	2.5	30~60	1.5	0.5	Φ20×1.2
PGP 7.0-1	7	2.7	50	1.4	0.5	Φ25×1.2
PGP 8.0-1	8	2.8	42	1.3	0.5	Φ25×1.2

(3)混合结构大棚　结构与竹木大棚相同。为使棚架坚固耐久,并能节省钢材,拱杆为钢材竹木混用,立柱为水泥柱。这种大棚用钢材少,容易取材和建造,成本也较低。

(4)硬质塑料结构大棚　骨架全部使用硬质塑料管材,故又称为全塑大棚。但因塑料管材经受低温或高温后容易老化变形,此类大棚有待进一步研制以提高质量。

2. 特点及应用　与中、小棚相比,塑料大棚具有坚固耐用、使用寿命长、作业方便的优点,是长江流域蔬菜设施栽培的主流类型。其主要用途如下。

(1)育苗 在大棚内设多层覆盖,如加保温幕、小拱棚、防寒覆盖物等,或采用大棚内温床安装电热线加温等办法,于早春进行果菜类蔬菜育苗。

(2)春季早熟栽培 果菜类蔬菜在温室内育苗,早春定植于大棚,一般可比露地栽培提早上市20～40天。

(3)秋季延后栽培 主要以果菜类蔬菜生产为主,一般采收期可延后20～30天。

(4)春到秋长季节栽培 在气候冷凉的地区,果菜类蔬菜可以采取春到秋的长季节栽培。这种栽培方式于早春定植,结果期在大棚内越夏,可将采收期延长到初霜来临。

除此之外,各地还创造了多种大棚蔬菜多茬利用的方式,这里不再赘述。

二、温 室

温室是比较完善的保护设施。我国的温室生产具有悠久的历史,2 000多年前就有了原始的温室生产文字记载。在长期的发展过程中,各地出现了多种多样的温室类型。进入20世纪80年代,又从国外引进了一批现代化温室,使温室类型更加丰富。

按照温室透明屋面的形式可分为单屋面温室、双屋面温室、拱圆屋面温室、连接屋面温室、多角屋面温室等。按温室骨架的建筑材料可分为竹木结构温室、钢筋混凝土结构温室、钢架结构温室、铝合金温室等。按温室透明覆盖材料可分为玻璃温室、塑料薄膜温室和硬质塑料板材温室等。按温室能源可分为加温温室和日光温室。加温温室又有常规能源(如煤、天然气、燃油)、地热能源、工厂余热能源等加温温室。按温室的用途可分为蔬菜温室、花卉温室、果树温室、育苗温室等。

(一)日光温室

日光温室是指无人工加温设备、靠太阳辐射为热源的温室,是我国最主要的温室类型,占温室总面积的 95% 以上。目前生产上推广的主要是东西延长的单屋面塑料薄膜日光温室,也有少量玻璃日光温室。

1. 结构

(1)玻璃日光温室　代表类型为鞍山式日光温室,目前几乎绝迹。

(2)塑料薄膜日光温室　为单屋面温室,以塑料薄膜为透明覆盖材料。后墙为土墙、砖墙或异质复合墙体。在竹木或钢架拱架上,覆盖塑料薄膜。其性能特点为严密、防寒、保温、采光充分,可自然通风换气,可进行蔬菜的冬季生产。目前推广面积很大,且呈发展趋势。其类型和结构因地区略有差异,代表类型有鞍山Ⅱ型、辽沈系列型、山东 SD 型、冀优系列和适于北纬 45°以北高寒地区的东农 20-Ⅰ型等。

(3)立窗式日光温室　木结构的立窗式日光温室,保温、采光效果良好,并可就地取材,投资少。但应用较少。

2. 特点及应用　日光温室的主要特点是保温性好,主要适合冬季寒冷的北方地区。缺点是设施土地利用率不高,夏季通风比较困难。仅在长江流域的部分地区可以使用。

(二)加温温室

1. 结构　加温温室的建筑结构,一般中、小型温室用土木结构,大型温室用砖石或混凝土,钢架或铁木混合结构。加温温室有单屋面、双屋面、连接屋面、拱圆形屋面等不同类型。目前生产上应用的加温温室大多是东西延长的单屋面二折或三折式温室,双屋面温室和连接屋面温室应用面积较小。

(1)北京式改良温室　这种温室的后屋面为倾斜的不透明的保温屋顶,前屋面上部为天窗、下部为地窗,为两种不同倾斜角度的玻璃透明屋面,因其形成两个折面式屋面,故称二折式温室。这种温室由纸窗土温室经过逐步改进而成,多为炉火烟道加温,也有少量采用暖气加温。

(2)哈尔滨式改良温室　增加了立窗,并延长了天窗。另外,在北方寒冷地区,为发展庭院蔬菜生产,利用住房南墙作为温室后墙,形成家庭半地下依托式温室。这种温室既节约土地、省工省料、便于管理,又非常保温、节省能源。

(3)三折式无柱温室　前屋面采用钢架结构,宽度扩大为8～10米,高度提高到2.5～3米,增加了温室内部的利用空间。

(4)双屋面温室　这类温室主要由钢筋混凝土基础、钢材骨架、透明覆盖材料、保温幕和遮光幕以及环境控制装置等构成。一般为南北延长,有地面栽培床和高架栽培床,具有较强的环境调节能力,多用于科研。

2. 特点及应用　加温温室都有补充加温设备,能够调节温室内的温、湿度条件,可以进行蔬菜的周年生产。但是,由于各种温室的结构及设备条件不同,使它们的应用时期和栽培方式有所不同,使用时应具体问题具体分析。

(三)现代化大型连栋温室

现代化温室主要指大型的(覆盖面积多为1 000平方米),环境基本不受自然气候的影响、可自动化调控、能全天候进行园艺作物生产的连接屋面温室,是园艺设施的高级类型。

1. 结构　现代化温室的建材多为铝合金或轻型钢材,从屋面结构上可分为屋脊形和拱圆形,从覆盖材料上可分为玻璃温室和塑料温室。

（1）**屋脊形连栋温室**　以荷兰 Venlo 型温室为代表，屋面结构一般为"人"字形，一般采用玻璃为覆盖材料，近几年也开始采用塑料板材。脊高 3.05～4.95 米，肩高 2.5～4.3 米，骨架间距 3～4.5 米，温室跨度有 3.2 米、6.4 米、9.6 米等多种形式。

（2）**拱圆形屋面连栋温室**　屋面拱圆形，屋面覆盖材料为单层塑料薄膜或充气式双层塑料薄膜。这种温室的特性与薄膜的种类密切相关。连栋温室多使用多功能复合薄膜，不仅要求透光，而且要求薄膜的抗老化特性强。20 世纪 90 年代以前多从国外进口，现在屋脊连接温室和拱圆形屋面连栋温室都已经实现国产化生产。

2. 特点及应用　这类温室的特点是内部空间高大，环境调控能力强，可以实现蔬菜的周年生产。缺点是设施昂贵，每 667 平方米的投资至少在 10 万元以上。多用于高档果菜类的栽培、技术示范、旅游观光等目的，主要分布于大中城市的现代农业园区。

三、蔬菜工厂

蔬菜工厂是指在完全由计算机自动控制的设施条件下，采用高度技术集成的、可连续稳定运行的蔬菜生产系统，与传统的设施生产不同，蔬菜工厂内蔬菜生长发育所需要的环境条件如温度、光照、水分、二氧化碳浓度和肥料等均需要通过人工控制。在美国、日本和欧洲一些国家，少量的蔬菜工厂已从实验阶段开始转向实用化生产。目前世界各地运行的蔬菜工厂，以生产莴苣、香芹等生长期短、生长过程易控制的叶菜为主，也有少部分生产番茄等果菜。

四、其他设施

(一)风 障 畦

1. 结构　　风障是设置在菜田栽培畦北面的防风屏障物，由篱笆、披风及土背3部分组成。由于设置的不同，分为小风障畦和大风障畦两种。小风障畦结构简单，在菜畦的北侧与季候风垂直方向竖立1米高的芦苇或谷草、稻草等做成的防风屏障物。大风障畦有迎风障畦和普通风障畦两种。前者的风障只有一层高达1.5~2.5米、密度较稀的垂直篱笆；后者的风障是在一层密度较密的向南倾斜的篱笆，在背侧再加一层高达1~1.5米的披风草（图4-4）。

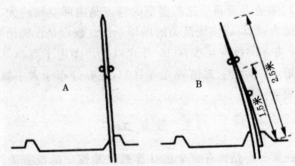

图 4-4　大风障畦　　（引自张福墁《设施园艺学》，2001）

A. 普通风障畦　B. 迎风障畦

2. 应用　　风障畦主要应用于春季提早播种的耐寒叶菜类、葱蒜类、豆类等蔬菜的栽培，也可用于小葱、葱头等蔬菜的幼苗防寒越冬，或用于春季提早定植瓜类、茄果类、甘蓝类及十字花科蔬菜采种株。

(二)阳 畦

1. 结构　　阳畦是冷床的一种类型，它是由风障畦发展而来的,由风障、畦框、覆盖物三部分构成。根据各地的气候条件、材料资源、技术水平以及应用时期等不同,有槽子畦、抢阳畦(图 4-5)、改良阳畦之分。覆盖物分为透明与不透明两种,前者一般使用塑料薄膜,后者使用蒲席、草苫等。

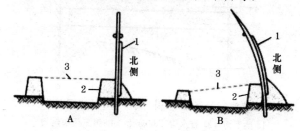

图 4-5 阳畦的各种类型 （引自张福墁《设施园艺学》,2001）

A. 槽子畦 B. 抢阳畦

1. 风障 2. 床框 3. 透明覆盖物

2. 应用 阳畦应用较广,普通阳畦除主要用于蔬菜、花卉等作物育苗外,还可用于蔬菜的秋延后、春提早及假植栽培。

(三)温 床

1. 结构 温床由床框(包括床坑)、酿热物(或加温设备)和覆盖物所构成。床框因使用材料不同,有土框、砖框、木框和简易草框等。根据床框位置不同,可分为地下式温床、地上式温床和半地下式温床。人工加温的热源有酿热、火热、水热、电热和废汽热等方式。酿热温床和电热温床的构造见图4-6,图 4-7。

电热温床是利用电热线把电能转变为热能进行土壤加温,可自动调节温度,且能保持温度均匀,可进行空气加温和土壤加温,包括电热加温线、控温仪、防寒设施等部分,加温效果良好,生产应用最为普遍。

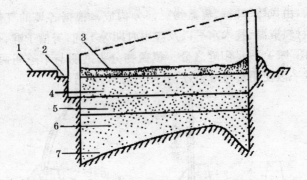

图4-6 酿热温床示意图 （引自李式军《设施园艺学》，2002）

1. 地平面　2. 排水沟　3. 床土　4. 第三层酿热物
5. 第二层酿热物　6. 第一层酿热物　7. 干草层

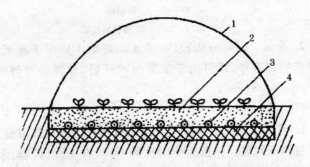

图4-7 电热温床示意图 （引自李式军《设施园艺学》，2002）

1. 小棚　2. 床土　3. 电加温线　4. 隔热层

　　安装电热线之前，要根据当地的气候条件确定功率密度（单位面积苗床上使用的功率）。长江流域如使用控温仪，采用80～100瓦/平方米的功率密度为好。如果不装控温仪，则功率密度为50～70瓦/平方米即可。确定了功率密度之后，要计算苗床的总功率（苗床面积×功率密度）、所需要的电热线根数(苗床总功率/每根线功率)和苗床断面所铺设的电热线根数(电热线总长度/温床的长度)。为了安装方便,苗床断面线的根数应该取偶数。在铺设电热线时,还要计算电热线的平均间距(温床的宽度/电热温床断面铺线根数)。由于苗床两边散热快,中间散热慢,在实际操作中,要使苗床两边布线密,中间间距大、布线稀,这样能使苗床各处温度趋于一致。电热温床的宽度一般为 1.3～1.5 米,长度根据需要而定。在建造电热温床时,先要将苗床上的土向下挖 8～10 厘米取出,整平床底后,在床底均匀垫一层如稻壳、木屑、稻草、糠灰等隔热材料,上铺 2～3 厘米厚的土壤后平整。再根据需要进行布线,布线时先准备好若干根小竹签,将小竹签按布线间距直接插在苗床两端,电热线布线时绕过竹签即可。布好线后先铺土 1～2 厘米厚,踏实后在其上再覆培养土 8～10 厘米厚。安装好控温仪,接好电源即可。

安装使用电热线时应注意以下问题:①每根电热线的功率是额定的,不能剪短或两根线串联加长使用。②电热线布线在苗床上不能交叉打结,不能把它盘起来使用。③在电热温床上从事各项操作前要关闭电源,以确保安全。④电热线取出时,不能硬拉或用锹铲,以免损坏绝缘层。取出后擦干置阴凉处保存,可以使用 2～3 年。忌将电热线暴晒。

采用电热温床育苗的优点是育苗温度比较稳定,有效避免了外界低温的影响。缺点是耗电,成本较高。仅限于电力资源比较丰富的地区使用。

2. 应用 主要用在早春果菜类蔬菜育苗,也有在日光温室冬季育苗中为提高地温而应用。

(四)遮阳网覆盖

利用农用聚乙烯遮阳网,于高温季节进行覆盖栽培,以达到遮光、降温、防雨、避蚜、克服高温障碍的目的,在南方夏季蔬菜育苗与生产中应用广泛。目前使用的遮阳网颜色主要有黑色和银灰色。

1. 覆盖方式

(1)浮面覆盖 又叫漂浮覆盖、浮动覆盖、直接覆盖等。它利用遮阳网直接覆盖在露地或设施中播种或移栽的作物植株上或畦面上。

(2)小平棚或小拱棚覆盖 于覆盖地块的四角埋设竹竿或木杆,用铁丝连接,拉紧后覆盖遮阳网,成为小平棚。小拱棚覆盖用竹片、细竹竿等插成小拱棚架,架上覆盖遮阳网即成。

(3)大棚或中棚覆盖 是在大棚或中棚的棚顶上直接覆盖一层遮阳网,也可以覆盖在棚顶的棚膜上。

2. 应用 遮阳网覆盖是近年来发展起来的一种覆盖方式,它除具有遮阳网的作用外,还可以有效地防虫。目前应用日趋普遍,但冬季栽培使用不多。

五、设施的覆盖材料

(一)覆盖材料的类型

设施的覆盖材料是关系到设施性能的重要因素。一般将设施覆盖材料分为3大类型:透明覆盖材料、半透明覆盖材料和不透明覆盖材料。透明覆盖材料包括玻璃、塑料薄膜和硬质塑料板材,主要起透光作用。塑料中小棚、塑料大棚和日光温室由于采用拱圆形结构或半拱圆形结构,覆盖材料采用塑料薄膜;现代化温室一般采用玻璃、塑料薄膜和硬质塑料板材。半透明覆盖材料包括遮阳网、防虫网和无纺布等,起遮阳、防虫的作用。不透明覆盖材料包括草苫、草帘、保温被等,起冬季保温作用。

由于设施的保温作用通过覆盖材料来实现,不同覆盖材料对光线的透过率和对长波辐射的阻隔率决定了设施的透光和保温性能。覆盖材料对光线的透过率越高,越有利于蔬菜的生长;覆盖材料夜晚对长波辐射的阻隔率越高,热量越容易蓄积在设施内,设施的保温性越好。除了透光性和保温性外,覆盖材料的强度、耐候性、防雾防滴性也是常用的评价指标,强度和耐候性决定了覆盖材料的寿命,防雾防滴性会影响覆盖材料的透光率。

(二)塑料薄膜的种类与特性

设施生产用的塑料薄膜都属于农用塑料薄膜,一般将其分为塑料地膜和塑料棚膜(农膜)两大类型。塑料地膜的厚度一般为 0.005～0.015 毫米,覆盖土壤可以起到增加土壤温度、保墒、防除杂草、改善土壤理化性状的作用,已被广泛应用于蔬菜生产。塑料地膜的种类很多,主要包括无色透明塑料地膜、黑色塑料地膜、双色塑料地膜、银灰色薄膜等类型。无色透明塑料地膜又称普通塑料地膜,是蔬菜生产上最常用的地膜类型。黑色塑料地膜是在聚乙烯中添加 2%～3%炭黑色或黑色母料制得的,这种地膜不透光,可抑制杂草生长。双色塑料地膜通常为黑、白两色,铺设时白色在上,黑色在下。白色在上可以起到反光的作用,可以改善植株下部的光照;黑色在下可以抑制杂草生长。银灰反光膜具有较强的反射作用,对于防治蚜虫有特效。

塑料棚膜主要作为塑料中小棚、塑料大棚和塑料温室的表面覆盖材料,其厚度一般为 0.08～0.15 毫米,耐候性和强度较地膜好。我国塑料棚膜主要分为聚氯乙烯(PVC)、聚乙烯(PE)和乙烯-醋酸乙烯(EVA)三大类型,由于这 3 种材料的透光性、耐候性和使用寿命等尚不能满足蔬菜生产的需要，以此为基础又开发出 PVC 双防膜、PE 多功能薄膜、EVA 多功能薄膜，主要是在原基础母料中加入了防老化剂、保温剂、防雾滴剂等多种助剂，大大提高了薄膜的保温性、耐候性和使用寿命。近年来又开发出一种新型的聚乙烯/EVA 3 层共挤复合薄膜（又称 PEP 3 层共挤薄膜），在生产上应用取得了良好效果。各种薄膜的性能差异见表 4-2。

表 4-2　各种塑料薄膜的性能比较　（别之龙，2005）

薄膜类别	防老化性，连续覆盖（月）	防雾滴，持效期（月）	保温性	透光性	漫散射性	防尘性	转光性
PVC 普通膜	4～6	无	优	前优后差	无	差	无
PE 普通膜	4～6	无	差	前良后中	无	良	无
PVC 防老化膜	10～18	无	优	前优后差	无	差	无
PE 防老化膜	12～18	无	差	前良后中	无	良	无
PE 长寿膜	24 以上	无	差	前良后中	无	良	无
PVC 双防膜	10～12	4～6	优	前优后差	无	差	无
PE 双防膜	12～18	2～4	中	前良后中	弱	良	无
PE 多功能膜	12～18	无	优良	前良后中	中	良	无
PE 多功能复合膜	12～18	3～4	优良	前良后中	中	良	无
EVA 多功能复合膜	15～50	6～8	优	前优后中	弱	良	无
PEP 薄膜	12～60	12～60	优	前优后中	优	良	有

六、设施的类型和覆盖材料选择

（一）设施类型的选择

设施类型的选择要根据生产者所处的地理位置、产品市场定位、经济条件综合而定。如果生产者地处大中城市郊区，蔬菜产品价格定位比较好，宜选择调控能力强的设施类型，以获得较高的经济回报；反之则宜选取投入较少的中小棚。设施生产目的不同，选用的设施类型亦不相同。若以设施蔬菜栽培为目的，适合长江流域蔬菜设施栽培的主流类型应是塑料大棚，经济能力好一点的农户可以选用装配式镀锌钢管大棚；若以蔬菜种子种苗生产为目的，则可以选取设施调控能力较强的塑料温室或玻璃温室。

(二)设施单栋与连栋的选择

设施从建造上可分为单栋棚和连栋棚。连栋棚设施之间彼此相互连接，共用一部分骨架结构。采用连栋棚的优点是设施围护面积小，有利于保温；缺点是不利于通风透光。根据长江流域的气候特点，建议塑料大棚一般采取单栋配置，相邻两栋之间留出 1.5～2 米的距离，其间设排水沟。如要采用连栋配置，连接的栋数一般不宜超过 3～4 个。

(三)覆盖材料的选择

覆盖材料的选择直接关系到设施的性能，选择要根据生产目的、经济能力进行综合考虑。普通的 PVC 薄膜和 PE 薄膜价格便宜，但使用寿命短，性能差，直接影响栽培效果。我国塑料工业近年来发展迅速，性能好的多功能薄膜价格逐渐降低，建议有经济能力的农户最好选取使用寿命长、无滴性好的双防膜或多功能复合薄膜，以达到最佳的设施栽培效果。

七、设施的建造与施工

我国近年来设施园艺发展很快，特别是温室和大棚正在由小型发展到大型，由单栋发展到连栋；由竹木结构向钢结构、钢筋混凝土结构，由半永久式向永久式发展。内部设施也正在由简单向复杂,由原始向先进,由手动操作向机械化及自动化方向发展。但是,在生产应用上,能够充分发挥自身性能,实现低投入、高产出要求的还是比较简单的节能日光温室和塑料大棚。长江流域主要的设施类型是塑料大棚。下面就简单介绍一下塑料大棚和塑料小棚的建造与施工技术。

(一)塑料棚场地的选择与布局

建造大棚前,首先要有总体的规划。有以下几点值得注意:①为了充分采光,要选择南面开阔、高燥向阳、无遮荫的平坦矩形地块。同时应要求地块地下水位低、水源充足、排水方便。这样的场地每天日照时间长,早春地温气温回升快,且灌排方便。②为了减少放热和风压对结构的影响,在强烈季风地区,宜选择场地边缘的迎风面有天然或人造屏障物的地段,这样小气候环境较稳定,既有利于防风也有利于通风。在靠近山区的地方,要避开山谷风口,选择避风地段。③为适宜作物的生长发育,应选择土壤肥沃疏松、有机质含量高、无盐渍化和其他污染源的地块。一般要求壤土或砂壤土,最好3～5年未种过瓜类、茄果类蔬菜以减少病虫害发生。④为了便于运输和建筑,应选离公路、水源、电源等较近的地方。⑤建设的大棚较多时,应注意规划好排灌渠道和道路。

(二)塑料棚的建造与施工

1. 普通竹木结构大棚建造　大棚建造时,主要的材料是农用聚氯乙烯薄膜或聚乙烯薄膜、竹子、木杆、铁丝、少量稻草和木材。薄膜要求透光率高、拉力大、耐老化,最好用无滴防老化膜。竹竿大头粗3～4厘米,长4米左右。木杆小头粗3～4厘米,长2～3米。一般每扣一个667平方米面积的大棚,需0.1毫米厚的农膜135千克,竹竿500～550根,木杆450根,8号铁丝20千克。

第一步规划好建造位置,做好标记。第二步埋支柱。支柱入土部分不能少于 30 厘米,下垫砖并加横木,夯实(支柱应中间 2 行高,两边依次降低,左右对称,以形成拱形面),然后距支柱顶端 30 厘米处顺大棚延长方向绑上拉杆或悬索。第三步插拱杆。先在大棚四周拉线,再把竹竿顺线按 1 米间距、大头向下插进地里,然后绑在支柱上,形成一道一道的拱杆棚架。拱杆接头处用稻草或杂布条缠好,防止刮风时磨坏薄膜。第四步扣棚膜。扣棚膜应选无风晴天进行。首先把烙接好的薄膜卷好,从棚的一头放卷,四边的余头卷上竹竿埋在预先挖好的沟里,用土压实。然后用压杆或压膜线在两道拱架的中间把薄膜压紧。第五步做门。棚两头各设 1 个门,高 1.5 米,宽 80 厘米。北侧门最好设两道,里边的是较坚固的木门,外边是薄膜门帘,这样有利于防风保温。

2. 悬梁吊柱式大棚建造　大棚无立柱,宽敞明亮,透光性好,便于操作,同时其结构简单,用料较少,成本较低。

每 667 平方米悬梁吊柱大棚的建造需用到以下材料:Φ10 钢筋 160 千克,做悬梁;Φ8 钢筋 50 千克,预制做立柱;Φ6.5 钢筋 325 千克,预制做立柱和吊柱;Φ40 钢管 500 千克,做部分拱杆;8 号铁丝,代替压杆;直径 3～4 厘米、长 4 米左右的竹竿 250～300 根,做拱杆;400 号水泥 1 500 千克和 0.6 方砂石,用来预制构件;农用聚氯乙烯薄膜或聚乙烯薄膜 135 千克。

建造悬梁吊柱大棚的方法与建造普通竹木结构大棚方法基本相同。现将区别说明如下:棚两头用 6～8 排水泥预制柱作立柱;棚顶用 Φ10 钢筋做成悬梁(相当于拉杆);悬梁上用 Φ6.5 钢筋做成吊柱,用以支撑拱杆;每两根拱杆之间间距 1 米,每隔 6～8 根竹制拱杆设 1 根 Φ40 钢管做成的钢制拱杆,以增加棚顶的支撑力。

3. 装配式镀锌钢管大棚建造 这种大棚安装比较方便，只要按说明书要求安装即可，此处不再赘述。

4. 竹木结构塑料小棚建造 以南北延长为好，这样受光面积大，光照充足，增温效果好。小棚的宽度1～2米，长度随生产要求及地势而定，一般长度以10～30米较为适宜。栽培床四周筑土埂，埂高15～20厘米，在栽培床长度方向土埂的外侧挖排水沟，利于排水，降低栽培床土湿度；顺土埂长度方向，在栽培床两边土埂中心，每隔50～70厘米处插1根约10厘米深的较宽的圆弧形毛竹片，圆弧形毛竹片距床土高50～80厘米，每一根圆弧形毛竹片（拱与拱）之间用较细的竹竿纵向连结捆扎紧实，以增强拱架的坚固性。然后在拱架上覆盖薄膜，便完成了塑料小拱棚的建造。

第二节 冬季蔬菜生产育苗的设施与设备

冬季蔬菜栽培是为了保证周年均衡供应，提高土地利用率而提前播种育苗，这时就需要备有保温、加温、遮光、补光等设施，以抵抗不良环境条件的影响，育好苗。常用的蔬菜育苗设施种类很多，各自能达到不同的育苗效果，生产者要根据各自不同的资源、成本预期、育苗规模，因地因人因情况而定，尽量减少成本，提高育苗效果。

一、育苗设施

(一)阳 畦

阳畦又称冷床，它的温光条件完全依靠太阳，是一种单（或双）斜面的保温式育苗设施。苗床由床框、覆盖物和风障等组成,南方以单斜面为主。冷床的走向根据床内的采光情况而异,一般单斜面为东西延长,双斜面为南北延长。大小一般为:长 10～15 米,宽为 1.3～1.8 米。

阳畦育苗的特点是:制作简单,成本较低,直接利用太阳能作为热源,提高棚内床土和空间的温度;同时又利用薄膜或玻璃的保温性能减少棚内热量的散发和损失进行育苗。通过昼夜保温,使苗床内温度略高于露地,为秧苗的生长提供较适宜的温度条件。阳畦内温度、湿度受外界气温高低的影响而变化,白天升温快,夜间降温快,昼间温差大;白天、晴天湿度低,夜间、阴雨天湿度高。如遇到连续的阴雨或雪天,苗床内的温度就会降得很低,所以还不能满足喜温蔬菜秧苗正常生长发育的需要,秧苗生长就比较差。因此,阳畦育苗有一定的风险,若管理不及时,秧苗素质差,只适用于一家一户按需苗数量育苗。

(二)酿热温床

酿热温床是在阳畦的基础上,在床下铺设酿热物来提高床内的温度。温床的畦框结构和覆盖物与阳畦一样,一般床长 10～15 米,宽 1.5～2 米。并且在床底部挖成鱼脊形,以求温度均匀。酿热温床不仅依靠阳光的热能,而且还利用有机质如人粪尿、禽畜粪便、蒿秆、杂草、树叶、垃圾等的酿热发酵产生热量来提高苗床土温和气温。

酿热温床的特点是:同时利用太阳能和有机物发酵释放的热量,提高苗床温度,既增温又保温,能基本满足蔬菜秧苗的生长;酿热物的来源方便,成本较低。但酿热温床不能根据秧苗生长发育的阶段和特点进行温度升降的控制,操作管理仍不很方便。

(三)电热温床

电热温床是通过在苗床培养土下铺设的电热线将电能变成热能,来提高床土温度,通过控温仪可人工控制育苗温度,达到提早育苗,快速培育壮苗的目的。电热温床包括电热加温线、控温仪、防寒设施等部分,加温效果良好,生产应用最为普遍。其具体的建造方法和使用注意事项可参考本章第一节的相关内容。

电热温床育苗的特点是:比酿热温床节约劳力,床土升温快,床温均匀,不受季节或外界环境条件的限制,并且苗床温度的升降还能依秧苗生长发育的阶段和特点,以及外界温度的变化随时控制,使培育出的秧苗生长比较健壮。

(四)温　室

现在我国育苗温室既有简易的、小型的、完全由人工操作控制的普通温室,又有现代化的、由机械操作的大型温室。常见的有以下几种类型。

1. 双屋面连栋温室　这种温室土地和建材利用率高,室内空间大,便于机械化作业及温室内的环境调控,适合蔬菜工厂化育苗及生产,但在北方冬、春严寒地区,冬季耗能太大,除雪困难。这种温室类型较多,如 Venlo 型温室、胖龙温室、以色列塑料连栋温室、现代化智能连栋温室等。

2. 非对称连跨节能温室　这种温室是由山西省设施农业工程中心设计开发的。温室南北向,东西延长,每跨跨度6~8米,可设计2~5栋,总跨度可达17~37米。其特点是光能利用率较高,在温室应用与性能上兼顾了大型连栋温室与节能日光温室的优点,建造成本较低,保温性能较好,温室空间较大。适用我国北方,长江流域推广使用较少。

3. 节能日光温室　这种温室的最大优点就是采光保温

效果好,在冬季严寒地区应用可以获得节能高效的良好效果。当然,利用日光温室育苗,特别是产业化育苗,在环境调控、机械化操作及土地的利用等方面不如现代大型连栋温室优越。但在冬季严寒地区,却能大大节约能源,因而通过日光温室性能改良,进行蔬菜产业化种苗生产还是可行的。节能日光温室适用我国北方,而长江流域推广使用较少。

(五)塑料大、中棚

与各类温室相比,塑料大、中棚的结构比较简单,容易建造,建设投资少,管理方便,光照好,土地利用率较高。因此,在蔬菜生产中广泛使用,特别在长江流域冬季温暖地区育苗,更能显示出其性能的优越性。在蔬菜育苗中,中棚也有应用,一般宽3～6米,是大棚和小棚的中间类型,在我国南方育苗应用甚多,加盖草帘的效果优于大棚。骨架结构设计上在考虑风雪载荷方面比大棚好处理。

建造时,大、中棚床地应选择地势比较平坦、地下水位低、背风向阳、土壤疏松肥沃、土层深厚、排水良好、距水源较近的地块。冬季育茄果类、瓜类秧苗的大棚建造时,应以南北长、东西向略向西偏10°为最好,有利于冬季及初春充分地接受阳光,增大受光面积,提高棚内空间温度和床土温度,促进幼苗迅速出土生长。关于施工建造与薄膜选择,请参考本章第一节有关内容。

(六)塑料小拱棚

塑料小拱棚是利用竹竿或楠竹片等材料做成小拱棚的骨架,用塑料薄膜覆盖在骨架上,便形成塑料小拱棚。为了充分利用阳光,提高小拱棚内温度,减少寒风袭击危害,利于排湿,减少苗期病害,冷床地选择与大棚床地一样,选择地势比较高燥、背风向阳、地下水位低、排水良好、土层深厚、疏松肥沃、未种过同科蔬菜的壤土作为苗床土。关于塑料小拱棚的建造请参考本章第一节有关内容。

二、育苗配套设备

(一)催芽设备

1. 催芽室　这是一种能自动控温的育苗设施,它催芽数量大,节省能源,出苗迅速。可以建在温室中,由于温室温度高,可节省能源;在冬、春季温暖地区可以建在大棚或其他专门的房子内。体积根据育苗面积和人操作方便程度而定,一个 10 立方米的催芽室一次可播种 2 公顷生产用苗。规格可自行设计,一般长 1.4～2.8 米、宽 1.8～2.2 米、高 2 米。催芽室如建在温室中,用双层钢筋骨架塑料薄膜组装,间距 7～10 厘米。由于透光,能利用太阳热能和出苗后即见光。不在温室内建筑的可用双层砖墙,中间放隔热材料以利于保温,门外悬挂棉门帘。加温设备采用空气加热线。布线时空气加热线应以不小于 2 厘米的间距均匀地排在催芽室内,线要离塑料膜 5～10 厘米。当外界 0℃、催芽室内 30℃时布线功率大于 110 瓦/平方米。电器设备中的开关、控温仪、电表不应放在催芽室内。催芽盘用塑料育苗穴盘最好,也可用木板制作。育苗盘摆放在铁架上,铁架的规格要与催芽室相匹配,层间距离 15 厘米左右,上下分成 10 层。铁架下面装 4 个橡胶轮,便于推进推出。

2. 恒温箱　催芽最常用设备之一。它控温准确,催芽效果好,但设备成本高,催芽量少。

3. 自制发芽箱　用木板拼制成箱体,用控温仪自动控温,用 250 瓦电加温线或 80 瓦电褥子线加热。

4. 催芽缸　在大号水缸内放 1 根缠有 250 瓦的电加温

线的小木架,注意线间有间距,接上电源和控温仪,缸上及四周进行保温处理。一次可完成1.5~3千克种子的催芽。

5. 电褥子催芽器 市售电褥子,有高低档开关。放在桌子或床上,上面铺一层塑料薄膜,其上放两层纸或纱布,将浸过种的种子沥去多余水分,铺在纱布上,厚度2厘米左右。种子上再盖纱布,上盖塑料薄膜和棉被,接上电源。通过加减覆盖物和变换高低档开关来调节温度。

若实在条件简陋,可利用保温瓶。

(二)育苗容器

秧苗定植后缓苗的快慢除了与苗的大小、外界环境条件有关外,还与秧苗的护根措施有关。护根措施最有效的方法之一是采用容器育苗。育苗容器有育苗筒、育苗钵、育苗盘、营养土块、纸钵、育苗杯等。

1. 育苗筒 可用纸或塑料制成。一般扁带状塑料筒装营养土或基质后直径6~8厘米,无底,使用时在筒内装土或基质放在地表,与土壤直接接触。优点是能调节筒内水分,通透性好,苗的长势也好。缺点是秧苗根系常扎入筒下的土中,移动时易伤根。

2. 育苗钵 种类繁多,形状多样,有圆形、方形、六棱形等,材料为聚乙烯或聚氯乙烯。一般钵的上口直径为6~10厘米,下口直径5~8厘米,高8~12厘米。生产中应根据不同的秧苗种类和苗龄来选择口径适宜的育苗钵。

3. 育苗盘 常见国产或进口黑色育苗盘,其长宽大小一致,为55厘米×27.5厘米×4.5厘米,规格有50穴、72穴、128穴、200穴和288穴。目前,国内生产有一种白色或半透明育苗盘,单穴,圆锥形,规格有40穴、74穴、96穴、148穴等,价格是黑色育苗盘的1/3~1/2,取苗操作方便,对育苗盘损耗小,育苗效果同黑色育苗盘。

4. 营养土块 将配合好的营养土或泥炭土压制成块,整齐摆放在苗床上。配制材料主要是有机肥,如消毒鸡粪、腐熟厩肥等,每块中间挖洞,晾干备用。不管用什么材料制成的土块都应松紧适度,不硬不散。播种前浇透水,使营养土块充分吸足水,否则很容易抑制秧苗生长。

5. 纸钵 用纸浆和亲水性维尼纤维等制作而成。纸钵展开时,呈蜂窝状,由许多上下开口的六棱形纸钵连接在一起而成,不用时可以折叠成册。农户生产时,也可用废旧书报、杂志,利用年老体弱的劳动力,在家中以酒瓶子为模子,包裹折叠成有底的纸钵,装土后育苗。

6. 育苗杯 是一种可降解的植物秸秆育苗容器,有连体的,也有单个的。定植时,幼苗和杯一同移栽,避免伤根伤苗。育苗杯降解后,可以改善土壤结构,提高土壤肥力。

(三)补光设备

冬季育苗日照时间短,光照强度低,若遇阴雨天则秧苗生长弱、素质差。为了解决光照不足的问题,除了改善设施采光条件外,必要时可采用灯光进行人工补光。补光的灯有日光灯、白炽灯、高压汞灯、高压钠灯、生物效应灯、农用荧光灯等。以生物效应灯和农用荧光灯效果最好。

生物效应灯适于秧苗补光,光色为日光色,可产生连续光谱,具有 80 流明/瓦的高光效,它热量损耗小,光照强度均匀,光谱分配比例与太阳光相似,如和白炽灯配合使用效果更好。BR 型农用荧光灯辐射光谱接近植物生长所需的光谱,在低强度补光处理下可促进幼苗生长和提高秧苗质量。

补光的成本高,一般只适用于幼苗阶段。功率为 50～150 瓦/平方米,灯挂在苗的上方 2～2.5 米处。补光时间一般在黎明前或日落后。番茄苗补光,前2周一天光照(日照和补光总和)14～16小时,以后2周14小时。黄瓜开始时每天补光16小时,以后每周递减1小时。花芽分化后不再补。辣椒补光在3000勒时,温度应在18℃以上,若在6000勒以上,其受温度的影响较小。

(四)二氧化碳发生装置

设施育苗环境下进行二氧化碳施肥能显著增加幼苗的生物学产量,提高光合作用和干物质积累。化学反应法、煤球燃烧法、颗粒二氧化碳气肥和钢瓶液体二氧化碳是目前主要的二氧化碳肥源。化学反应法反应速度快,产气迅速,设备折旧成本较低;煤球燃烧法产气速度中等,原料成本最低;颗粒二氧化碳气肥产气速度较慢且不易调控,原料成本最高。从生态、节能、成本和效果等方面综合评价,煤球燃烧法因资源丰富、成本低廉,符合我国目前的设施、经济、资源和技术条件,具有利用价值。

另外,常用的二氧化碳发生机械有陈巧开、王受祜等人研制出的适合农村条件下使用的 TF-80 型二氧化碳发生器,中国科学院山西煤炭化学研究所和太原重型机器厂研制生产的NCA 型农用二氧化碳发生器,日本产的以液化(石油)气为原料的二氧化碳发生器等。

第三节　冬季蔬菜生产设施的环境调控

冬季由于外界气温低,露地条件不适合许多蔬菜的生长。而设施则为蔬菜生长提供了良好的环境条件,冬、春季正是设施发挥效益的季节。如何更好地调控设施内的温度、光照、湿度、气体和土壤环境,创造出最适合蔬菜生长的环境,是冬、春季设施蔬菜栽培首先要考虑的问题。

一、温度调控

(一)合理设计设施的骨架结构

适当降低设施的高度,缩小夜间保护设施的散热面积,有利于提高设施内昼夜的气温和地温。在大棚的建造过程中,在保持骨架结构稳定的同时,还应尽量减少设施内的架材,避免遮光过多。

(二)采用保温性好的覆盖材料

不同的覆盖材料透过光线的能力具有很大差异,生产上宜选择透光率高、保温性好的覆盖材料。

(三)采用多层覆盖

由于塑料大棚的覆盖材料一般采用单层塑料薄膜,在夜晚其阻隔长波辐射的能力有限,因此其保温性也是有限的。北方地区的日光温室多采取在设施外加盖草帘、保温被等外覆盖材料的方法进行保温,而南方地区采用多层覆盖可以很好解决热量散失的问题,可采取大棚内套中棚、中棚内套小棚的做法,有些地区在寒冷季节外加草帘等覆盖材料,可以较好地保持设施内的温度。

(四)采取临时加温措施

在寒冷季节如果采用多层覆盖后还不足以保持设施内的温度,还可采用临时加温措施,如电热加温和炉火加温。但在采用炉火加温时一定要架设烟道,避免有害气体在设施内的累积。

(五)根据栽培作物种类确定适宜的加温和保温方式

不同种类的蔬菜生长发育所需要的温度差别很大,如茄果类蔬菜开花坐果时最低温度要保持在15℃以上,而油麦菜等绿叶蔬菜的生长所需要的温度条件就没有这么严格。根据作物的生长发育特性确定适宜的温度和保温方式,既可以满足作物生长的需要,又可以降低生产成本。

二、光照调控

(一)选用透光性好的覆盖材料

进行设施冬季生产时最好选用透光性好、防尘、抗老化、无滴透明膜作为覆盖材料。大棚的棚膜最好采用新膜。旧膜由于表面吸附灰尘多,不适合作设施表面覆盖,但可以作为设施内多层覆盖保温材料。

(二)尽量延长光照时间,白天除去多层覆盖

保证充足的光照时间是设施升温和蔬菜生长发育所必需的条件,采用多层覆盖后尽管可以提高温度,但设施内的光照很差,不能满足蔬菜生长的需要,因此白天要除去多层覆盖物,傍晚气温降低时再将覆盖物盖上。

(三)采用人工补光

对于冬、春季进行蔬菜育苗的设施,如果遇上连续阴雨雪天气时,可用白炽灯、钠灯、生物效应灯进行人工补光,既可以在一定程度上弥补光照的不足,又可以增加设施内的温度。

(四)张挂反光幕

日光温室内由于北墙的阻挡,光照比较弱。在日光温室内可在北墙的墙面上张挂反光幕(镀铝膜),有利于光线的反射,从而改善日光温室北端的光照状况。塑料大棚由于是全光型的设施类型,光照条件较好,其内部一般不用反光幕。

(五)及时进行植株调整

对于冬季以果菜类蔬菜生产为主要目的的设施,还应在生长过程中注意进行植株调整。将植株中下部的老叶和黄叶

及时去掉,可以避免植株的相互荫蔽,改善植株中下部的光照环境。

三、湿度调控

(一)通风换气

通风换气是降低设施内空气相对湿度最有效的途径,但在冬、春季节,具体实施起来有一定的难度。原因在于外界气温低,通风换气后会降低设施内的温度,同时冷空气的突然进入可能会导致植物产生冷害。因此,在冬、春季节应严格掌握通风换气的时间。通风换气最好选择在中午进行,因为此时外界气温最高,通风换气对设施内的不利影响最小,换气时间应在30分钟以上。晴天换气时间适当延长,阴天换气时间相应缩短。为了避免冬季的北风对蔬菜生长的不利影响,换气口应选择在大棚的南端向阳部位。如果晴天的温度高,可以将大棚两侧的薄膜卷起一部分进行通风。

(二)覆盖地膜

由于空气相对湿度有很大一部分来自于土壤水分的蒸发,采用地膜覆盖可将土壤蒸发的水分控制在地膜以内,而不会扩散到设施内,从而有利于降低空气相对湿度。覆盖地膜后还有助于增加地面光线的反射,改善植株中下部的光照环境。

(三)改进灌溉方式

通过采用滴灌、微喷、渗灌、膜下滴灌等灌溉技术,可以最大限制地控制土壤的湿度,减少土壤水分蒸发,从而降低设施内的空气相对湿度。

(四)农艺措施改进

在冬、春季节还可以采用中耕降湿和撒施草木灰的方法降低设施内的空气相对湿度,特别是在冬季蔬菜育苗过程中,在苗床上撒施草木灰降湿的方法已被普遍采用。

四、气体调控

设施内的气体环境具有两个特点：一是二氧化碳容易出现亏缺；二是有毒有害气体的积累。二氧化碳容易出现亏缺的原因在于设施的相对密封性。由于植物的光合作用，导致设施内的二氧化碳浓度不断降低。设施内产生的有毒有害气体有氨气（NH_3）、二氧化氮（NO_2）、二氧化硫（SO_2）、一氧化碳（CO）、乙烯（C_2H_4）和氯气（Cl_2）等。氨气和二氧化氮主要是由于有机肥施用不当引起的，二氧化硫和一氧化碳主要是由于燃煤没有充分燃烧引起的，而乙烯和氯气则主要来自有毒薄膜材料的分解。

（一）二氧化碳的补充

可以采取通风换气、释放二氧化碳气肥或通过化学反应来提高室内二氧化碳浓度。

（二）有害气体的预防

施用充分腐熟发酵的有机肥，选用质量好的农用塑料薄膜。采用燃煤进行加温时，应设置好烟道。通过这些措施都可以有效去除设施内的有害气体。

五、土壤环境调控

设施内土壤有机养分高，但养分不均衡，次生盐渍化现象突出，连作障碍严重，病菌、害虫卵较多。由于设施条件下土壤复种指数高、施肥量大，但肥料的种类又比较单一，基本是以施用氮肥为主，导致设施土壤中氮肥积累量多，而其他肥料成分严重不足。由于设施覆盖材料的阻隔，设施内的土壤缺乏雨水淋溶过程，随着土壤水分的蒸发，土壤深层的盐分逐渐向上积累,导致土壤表层盐分积累多,次生盐渍化情况突出。在蔬菜设施栽培发展比较早的地方,次生盐渍化已经成为制约设施生产的主要障碍。根据以上情况,可用以下技术调节设施内的土壤环境。

(一)改进施肥方式

改单一偏施氮肥技术为平衡配方施肥,重视磷肥和钾肥的施用,同时注意补充土壤中的微量元素,提倡施用有机肥。有机肥的施用可以增加土壤肥力,改善土壤理化性状。增施有机肥是调节土壤理化性状的重要措施。

(二)杀灭土壤中残存的病原微生物和虫卵

由于设施内土壤的温度较高、湿度较大,加上土壤复种指数高,为土壤中病原微生物和地下害虫的繁殖提供了良好的环境条件。设施内土壤中的病虫害比较突出,已经成为危害设施蔬菜生产的重要因素,可以采取物理手段和化学手段相结合的方法进行土壤消毒。在夏季换茬季节进行日光消毒,可以有效降低土壤中病菌、害虫卵的数量。

(三)合理轮作

由于设施的投入较大,农户都希望有较高的经济收益。栽培蔬菜的种类往往集中在几种蔬菜上,连作障碍比较突出,可以采取合理轮作的方法进行解决。同一地块上不要每年都种同一科的蔬菜,也不要春季和秋季在同一地块上种植同一科的蔬菜作物。

(四)无土栽培

对于部分连作障碍已经非常突出、通过采用农艺措施、物理和化学措施都无法解决连作障碍的地块,可考虑采用无土栽培方式栽培蔬菜。由于无土栽培是以人工合成的基质取代土壤进行栽培,因而可以彻底避免土传病虫害的影响。

第五章　长江流域冬季主要
蔬菜设施栽培技术

第一节　茄果类蔬菜设施栽培技术

一、番　茄

(一)特征特性

1. 植物学特性　番茄根系可深达 2 米,但 60％的根系分布在上层 30 厘米的耕作层中。茎为半直立或蔓生。苗期植株直立,不分枝。主干出现顶生花序后,花序下第一侧枝代替主茎延伸生长,而顶生花序成为侧生。此后,以同样的方式分生侧枝。单叶缺刻深裂,形状有普通、皱叶和薯叶;叶色深绿、淡绿或黄色。茎、叶上密被短茸毛,分泌有特殊气味的液汁。

开花结果习性,按照其花序着生位置、连续着生能力和主轴生长的特性,可分为两大类。

(1)有限生长型　主茎生长 6～8 片真叶后,着生第一花序,以后每隔 1～2 片叶着生一个花序。但主茎着生 2～4 个花序后顶芽形成花芽,不能延伸。由腋芽所生的侧枝,也只能发生 1～2 个花序而自行封顶,因此植株矮小。

(2)无限生长型　主茎生长 7～9 片真叶后着生第一花序,以后每隔 2～3 片叶着生一个花序。主茎可连续向上分化生长,腋芽所生的侧枝也同样能发生花序,因此植株高大。

果实为肉质浆果,中轴胎座。樱桃番茄、梨形番茄等小果型品种二室,大果型品种 5～6 室或更多。食用部分为中、内果皮和胎座组织。果实的颜色决定于表皮和果实的颜色组合。种子扁平、小、肾形,表面有银灰色茸毛。千粒重约 3 克,使用寿命 3 年。

2. 对环境条件的要求

(1)温度 番茄种子发芽期适宜温度为 25℃～30℃;栽培时白天最适温度为 23℃～28℃、夜间为 13℃～18℃,地温以 18℃～23℃为好。

(2)光照 番茄为喜光植物,冬、春季节设施内栽培番茄,常常因光照强度弱,营养水平低,影响品质和产量。另外,番茄对日照长短要求不严格,每天光照时间 14～16 小时为好。

(3)水分 番茄植株需水量大,根系具有较强的吸水能力。最适的土壤水分含量为田间最大持水量的 60%～85%,空气相对湿度为 50%～65%。设施栽培时应注意通风换气,防止湿度过大导致病害发生。

(4)土壤和营养 番茄对土壤的要求不很严格,最好选择土层深厚、有机质丰富、排水和通气性良好的肥沃壤土,栽培在砂壤土中早熟性较好。番茄生长期长,需要吸收大量有机养分和各种无机营养元素,才能获得高产优质的果实。此外,缺少微量元素会引起各种生理病害。

(二)品种选择

番茄又名西红柿,可分为普通番茄、大叶番茄、直立番茄、樱桃番茄和梨形番茄 5 个变种,长江流域普遍栽培的番茄是普通番茄和樱桃番茄两种类型。冬季栽培应选择耐低温性强、抗病性好、丰产的早中熟品种。适合长江流域冬季设施栽培的番茄品种有渝抗 4 号、苏抗 9 号、苏抗 10 号、浙粉 202、早丰、早魁、合作 906、合作 908、合作 909、江粉 2 号和霞粉等。番茄的果色有大红、粉红之分,不同的品种果色具有差异,农户应根据当地市场消费习惯进行品种选择。樱桃番茄生长势强,多为无限生长型,应选择不易裂果的品种,如圣女、龙女、美味樱桃番茄、红太阳、维纳斯、樱桃红、红洋梨、黄洋梨(果色为黄色)等品种。

(三)栽培技术

1. 培育壮苗　适宜的播种期应根据当地气候条件、定植期和壮苗标准而定。普通番茄适龄壮苗要求定植时具有 6～8 片叶,第一花序已现蕾,茎粗壮,叶色深绿、肥厚,根系发达。如果采取冷床育苗,达到此标准所需要的苗龄为 70～80 天;如果采取温床育苗,苗龄可缩短为 55～65 天。如果苗龄过短、幼苗太小,则开花结果晚,达不到早熟目的。苗龄过大,幼苗在苗床里开花,成为老苗,长势衰弱,定植后易引起落花落果。

2. 整地定植　番茄冬、春季节设施栽培应尽量提早扣棚以提高地温,一般定植前 1 个月左右扣膜。深翻土壤 20 厘米以上并施入腐熟厩肥 7 000 千克、复合肥 50～70 千克、过磷酸钙 50 千克。将土壤整细耙匀后做成深沟高畦,畦宽 1.33 米(包括沟),在畦上覆盖地膜,沟的深度为 25 厘米、宽度为 0.33 米。樱桃番茄栽培时可比普通番茄栽培施肥量适当降低,但也应以施用有机肥为主。一般当 10 厘米地温稳定在 8℃以上时即可定植。长江流域一般 2 月中下旬定植,如大棚采用多层覆盖或具备临时加温等保温条件,可适当提早定植。定植密度与品种特性有关。早熟品种每 667 平方米栽 5 000 株左右,株行距为 50 厘米×25 厘米;中熟品种每 667 平方米栽 4 000 株左右,株距为 33 厘米;晚熟品种每 667 平方米栽 3 000 株左右,株距 40 厘米。樱桃番茄若采用双秆整枝,定植株距为 60～80 厘米,每 667 平方米栽 1 500～2 000 株;如采用单秆整枝,定植株距为 40 厘米左右,每 667 平方米栽 3 000～3 500 株。定植最好在晴天上午进行。定植时按株距在定植位置上将地膜割成"十"字形口,揭开"十"字口在膜里挖穴栽植。定植时尽量浇足定根水。如果定植时温度较低,定植后要加上小拱棚覆盖,以提高温度。

3. 定植后的管理

(1)温度管理　定植后要保持较高温度,以加速缓苗过程。一般定植后 3～4 天不通风,棚内维持在 25℃～30℃。缓苗后要适当降低棚温,加大通风量,白天气温保持在 20℃～25℃,夜间保持在 13℃ 以上。随着外界气温升高,应逐渐加大通风量,延长通风时间。开花结果期温度不宜过低,温度要保持在 15℃ 以上,否则会引起落花落果。在果实膨大期温度可适当提高,白天保持在 25℃～28℃,夜间 15℃～17℃,以促进果实生长发育。

(2)湿度管理和追肥　为了防止因浇水引起地温降低影响缓苗,一般定植后缓苗期间不浇水,以促进根系发育。第一花序开始坐果后浇 1 次水,每 667 平方米追施尿素 10～15 千克,以后每隔 6～7 天浇 1 次水。盛果期番茄需水量大,应增加浇水次数和灌水量,可 4～5 天浇 1 次水,浇水要均匀,忌忽干忽湿,以防裂果。浇水要在晴天上午进行,浇水后要加强通风,降低棚内空气湿度。为了促进坐果,开花坐果期还可用 0.3% 磷酸二氢钾进行叶面喷肥,以促进果实生长发育。番茄是连续开花坐果的蔬菜作物,为了保持植株足够的营养供应,在第二、第三花序坐果后再各追 1 次肥,追肥量为每 667 平方米追施尿素 10～15 千克。

(3)生长调节剂处理　在花期可用 20～30 毫克/升的

PCPA(番茄灵)进行蘸花处理,以促进番茄坐果。处理时应严格掌握使用的浓度,为了避免处理时漏掉花序,可在药液中加入红墨水做标记。

(4)植株调整　第一穗果坐果后,须插架、绑秧。番茄植株可用塑料绳吊蔓,或用细竹竿插架支撑。普通番茄设施栽培多用单秆整枝法。番茄易发生侧枝,要及时抹去,以免侧枝消耗大量养分。结合整枝绑蔓摘除下部老叶、病叶,并进行疏花疏果,每穗果上留3～5个果实,疏去多余的小果,后期应随时摘去下部的病、黄、老叶,以利于通风透光,改善植株中下部生长发育环境。

樱桃番茄的早熟栽培一般也采用单秆整枝,只保留主轴,摘除全部叶腋内长出的侧枝。摘芽应掌握腋芽在5厘米内及时摘去,以减少养分消耗。在进行整枝绑蔓时每隔3～5天需进行一次诱引,防止主枝因诱引不及时而自然折断。在拉秧前30～45天摘心时应于顶部果穗上留2片叶,利于果实继续生长。

4. 采收　番茄的采收期随着气候条件、温度管理、品种不同而有差异。一般从开花到果实成熟,早熟品种40～50天,中熟品种50～60天。一般在果实转色后采收上市,也可在转色期将果实采下,采用0.2%乙烯利进行人工催熟后上市。樱桃番茄的采收则在果实自然成熟后进行。采收后根据果实大小进行分级包装上市。

5. 大棚多重覆盖特早熟栽培简介　长江流域在10月中下旬育苗,11月下旬定植,仅留用2～3穗果摘心,密植于大棚内,多重覆盖保温,翌年2月下旬至4月份采收供应,类似北方日光温室的冬春茬,是一种"矮密早"的促成栽培技术。对于多重覆盖特早熟栽培,基本技术与春早熟栽培相同。其区别如下：①选有限生长型品种，于 10 月中下旬育苗，11 月下旬定植于竹木大棚，进行多重覆盖，即地膜、小拱棚、无纺布或草帘、二重帘、大棚膜，共 5 层覆盖保温。②每 667 平方米栽 5 000～6 000 株，留果 2～3 穗即摘心，矮化栽培，便于搭建中小棚。③一般翌年 2 月中下旬即开始上市，4 月份结束，是一种"矮密早"栽培方式，成本低、效益高。

6. 小拱棚短期覆盖栽培技术简介　早熟春番茄利用小拱棚，可使番茄缓苗加快、发棵早，采收期比露地栽培提前 20～30 天。一般 12 月下旬播种，翌年 3 月上旬定植，株距 20～22 厘米，每 667 平方米栽 6 000 株左右。栽培管理技术与大棚番茄春早熟栽培基本相同。

(四)病虫害防治

番茄设施栽培的主要病害有晚疫病、早疫病、病毒病、灰霉病、叶霉病等，主要虫害有蚜虫、白粉虱、棉铃虫等。要根据所发生的病虫害种类选取适当药剂进行防治。

对于晚疫病可采用 72.2%普力克水剂、64%杀毒矾或 72%杜邦克露 600～800 倍喷雾。对于早疫病可采用 64%杀毒矾可湿性粉剂 500 倍液或 70%代森锰锌可湿性粉剂 500 倍液进行防治。对于病毒病可采用 20%病毒 A 或 1.5%植病灵可湿性粉剂 500 倍液进行防治。对于灰霉病可采用 50%速克灵可湿性粉剂 1 500～2 000 倍液或 50%扑海因可湿性粉剂 1 000～1 500 倍液进行防治。对于番茄叶霉病可采用 47%加瑞农 600 倍液喷雾。

蚜虫的防治除了可在大棚通风处设置 30～40 目防虫网外，还可选用高效低毒的药剂，如 2.5%功夫乳油、40%菊马乳油及新型抗蚜灵、辟蚜雾等进行防治。发生白粉虱为害时可用 10%扑虱灵乳油 1 000 倍液进行防治。在设施内悬挂黄板对于诱杀白粉虱和蚜虫都有很好的效果。防治棉铃虫可用Bt乳剂300倍液或用2.5%溴氰菊酯乳油3000倍液喷雾。防治时间应掌握在卵孵化盛期。

二、辣 椒

(一)特征特性

1. 植物学特性　辣椒根少,入土浅,再生能力比番茄弱,根系主要分布在15～20厘米土层中。茎直立,基部常木质化。主茎长到一定叶片数后茎顶端形成花芽,临近的两个芽类似茄子呈双叉分枝,也有三叉分枝。继续生长,以后每隔1～2片叶分枝。花为完全花,花冠白色、辐射状,基部合生。花萼杯状、五齿、宿存,花药紫色,花柱比雄蕊长,容易杂交。果实为浆果,果身直、弯曲或螺旋状,表面光滑,有条沟,凹陷或皱褶,有蜡质光泽。果形有长、短圆锥、牛角形、长短棱柱、圆柱线形。

2. 对环境条件的要求

(1)温度　种子发芽的适宜温度为25℃～30℃;生育最适温度白天27℃～28℃,夜间18℃～20℃,地温17℃～26℃。

(2)光照　辣椒对光照长短和光照强度的要求不严格,相对于其他的果菜类蔬菜,比较耐阴,适合进行设施早熟栽培。但是,在冬、春季节栽培,需要设法增加设施内的光照,应确保光照度达到2500勒以上。

(3)水分　辣椒既不耐旱,又不耐涝,对水分的要求较严格。适宜的土壤含水量为田间最大持水量的60%～70%,适宜的空气相对湿度为70%～80%。

(4)土壤和营养　辣椒对于土壤的适应性较强,但相对而言,地势高燥、排水良好、土层深厚、肥沃、富含有机质的壤土或砂壤土较为适宜,尤其在早熟栽培中,宜选择土温容易升高的砂壤土。辣椒对氮、磷、钾肥料三要素均有较高的要求,幼苗期需适当的磷、钾肥,花芽分化期受施肥水平的影响极为显著,适当多用磷、钾肥,可促进开花。辣椒不能偏施氮肥,尤其在初花期若氮肥过多会造成落花落果严重。

(二)品种选择

辣椒又名番椒、海椒、辣茄,属茄科一年生草本植物。根据果实的形态特征,可将辣椒分为樱桃椒、圆锥椒、簇生椒、长椒、灯笼椒等5个变种。长江流域冬、春季设施栽培以长椒为主。辣椒冬、春节设施栽培的品种应选择耐低温性强、抗病性好、株型紧凑的早熟品种。适合长江流域冬、春季节设施栽培的品种有早春、渝椒7号、湘研1号、湘研4号、洛椒9号、早丰1号、早杂2号、皖椒4号、宁椒6号和苏椒5号等。

(三)栽培技术

1. 培育壮苗 长江流域采用冷床进行辣椒育苗的播种时间为10月上中旬,采用温床育苗的时间可推迟到11月中下旬进行。辣椒冬、春季节设施栽培一般采取育大苗定植,定植时要求幼苗具有真叶14~18片,茎粗在0.6厘米以上,叶大而厚,叶色深绿,带有即将开花的大花蕾。为了培育壮苗,一般在辣椒幼苗长至4~5片真叶时进行分苗移植。

2. 整地定植 辣椒定植前1个月左右扣膜以提高地温,定植前要深翻土地并施足肥料,一般每667平方米施腐熟厩肥5 000千克、复合肥50千克、过磷酸钙30~40千克。将土壤整细耙匀后做成深沟高畦,畦宽1.33米(包括沟),在畦上覆盖地膜,沟的深度为25厘米、宽度为0.33米。长江流域地区一般于2月中旬前后定植,多采用单株定植,早熟栽培的株行距为 50 厘米×33 厘米,每 667 平方米植 4 000 株左右。定植最好在晴天上午进行,定植后要浇足定根水,并封好定植孔。

3. 定植后的管理

(1)温度管理 定植后 3～5 天要保持较高温度,以加速缓苗过程。如果温度较低,要在定植后进行小拱棚覆盖,棚内温度宜维持在 25℃～30℃。如果夜间温度低,还可在小棚上加盖草帘进行保温,缓苗期间可不通风。缓苗后要通过通风适当降低棚温,白天气温保持在 20℃～25℃,夜间保持在 13℃以上。开花结果期温度要保持在 15℃以上,否则会引起落花落果。

(2)湿度管理和追肥 辣椒定植后缓苗期间不浇水,以促进根系发育。在辣椒开花结果期要加强水分供应,开花后每隔 7～10 天浇 1 次水,每 667 平方米追施 10 千克尿素,以后每次采果后追施 1 次肥料。灌水要在晴天上午进行,灌水后加强通风,降低棚内空气湿度。有条件的尽量采用滴灌方式进行灌溉。开花坐果期还可用 0.3%磷酸二氢钾溶液进行叶面喷洒,以促进坐果。

(3)植株调整 生长前期要及时摘除植株茎基部生长旺盛的侧枝,以减轻营养消耗;中后期摘除植株内侧过密的细弱枝和下部黄叶,改善植株中下部生长发育环境。在早春季节为了防止因温度过低引起落花,可用 20～30 毫克/升防落素喷花,具有一定的保花保果作用。

4. 采收 辣椒果实依成熟度不同分青熟期(青椒)及红熟期(红椒),青椒和红椒均可上市。青椒的采收期以果实充分长大、果实绿色、果肉肥厚时采收为宜。门椒的采收要及早进行,以免影响上部其他果实的生长发育。红椒的采收期则以果色由茶褐色转为红色或深红色时为宜。

5. 塑料小棚短期覆盖栽培简介　一般 10 月下旬至 11 月中下旬大棚中育苗，定植比大棚迟 10～15 天，即翌年 3 月中下旬。5 月中旬后揭膜炼苗，中耕除草，5 月下旬可撤除小棚，覆盖期 30～40 天。定植后的管理与大棚栽培基本相似。

(四)病虫害防治

辣椒设施栽培常见的病害有病毒病、疫病、炭疽病、疮痂病等，主要虫害有蚜虫、茶黄螨和烟青虫等。要根据所发生的病虫害种类选取适当药剂进行防治。

对于病毒病、疫病的防治可参见番茄病害防治。对于炭疽病的防治可用 50% 多菌灵可湿性粉剂 600 倍液，70% 甲基托布津可湿性粉剂 800 倍液或 80% 炭疽福美可湿性粉剂 800 倍液进行喷雾。对于辣椒疮痂病可采用 500 万单位农用链霉素 4 000 倍液，新植霉素 4 000～5 000 倍液或 77% 可杀得可湿性粉剂 500 倍液进行喷雾。

对于蚜虫的防治可参见番茄虫害防治；对于茶黄螨的防治可采用 73% 克螨特 1 200 倍液或 0.9% 阿维菌素 3 000 倍进行喷雾；对于烟青虫可采用 2.5% 功夫乳油或 10% 吡虫啉乳油进行防治。

三、茄　子

(一)特征特性

1. 植物学特性　茄子根系发达，主要根系分布在 30 厘米以内的土层中。根系木质化较早，再生能力差，不耐移栽。茎直立，木质化程度高，株高 80～120 厘米。叶片大、卵圆形或长椭圆形，单叶互生。分枝结果习性很有规律。早熟种 6～8 片叶、晚熟种 8～9 片叶时，顶芽变成花芽，紧接着腋芽抽生出两个势力相当的侧枝代替主枝呈"丫"状延伸生长。以后每隔一定叶位顶芽又形成一花,侧枝以同样的方式分枝 1 次。这样先后在第一、第二、第三、第四的分枝叉口的花形成的果实被称为门茄、对茄、四母茄、八面风,以后植株向上的分叉和开花数目增加,结果数较难统计,被称为满天星。两性花,花瓣、萼片 5～6 出,基部合生为筒状,花冠白色至紫色,花萼宿存。果实为浆果,有球形、扁圆形、长圆筒形和倒卵形等,皮色有深紫色、紫红色、白色和绿色,每个果实含种子 500～1 000 粒,其千粒重 4 克左右。

2. 对环境条件的要求

(1)温度 茄子种子发芽期的适宜温度为 28℃ 左右,在昼温 30℃、夜温 20℃ 的变温条件下发芽整齐;生长发育期间的适宜温度为 13℃～35℃,一般白天为 25℃～30℃、夜间 15℃～20℃,地温 18℃～20℃。

(2)光照 日照的长短对茄子发育影响不大,但光照强度的影响较大。光照强度或紫外线不足时,茄子转色困难,影响商品性。

(3)水分 茄子对水分的需求量大,适宜的空气相对湿度为 70％～80％,土壤含水量应为田间最大持水量的 70％～80％。

(4)土壤和营养 茄子对土壤要求不太严格,一般以含有机质多、疏松肥沃、排水良好的沙质壤土生长最好,尤以栽培在微酸性至微碱性土壤上产量较高。茄子是需肥较多的蔬菜,生育期长,施肥时可以把施肥总量 1/3～1/2 的氮肥、钾肥和全部磷肥作为基肥,其余的作为追肥施入。

(二)品种选择

要求抗寒性好,较耐低温弱光,适宜密植,早熟性好。适合长江流域冬季设施栽培的茄子品种有早熟墨茄、渝早茄1号、渝早茄2号、汉龙红茄、鄂茄1号、杭茄1号、杭茄2号、扬茄1号、早茄1号、农友长茄等。

(三)栽培技术

1. 培育壮苗 由于茄子喜温不耐寒,最好采用温床育苗的方法。如果采取冷床播种,一般须提早播种、大苗越冬,其播期可提前到10月上旬。育苗时采取两段育苗方法,在2叶1心时分苗,最好能假植到营养钵中。茄子壮苗的标准一般是株高18～20厘米,茎粗0.6厘米以上,有真叶12～15片,叶大而厚,叶色深绿,带即将开花的大花蕾,根系发达。

2. 整地施肥 为了提高地温,用作茄子设施栽培的地块应及早扣棚,在定植前半月整地开厢施肥,一般为1.33米开厢做畦。结合整地一次性施足基肥,每667平方米沟施或穴施腐熟厩肥3 500千克、复合肥40千克、过磷酸钙30～40千克,整地后覆盖地膜。当地温稳定在12℃以上时,方可定植。长江流域茄子设施栽培一般在翌年2月下旬或3月上旬定植。茄子植株的开展度较大,应适当稀植,一般株行距为50厘米×50厘米,定植密度为每667平方米2 400～2 600株。有些品种可适当密植。

3. 定植后的管理

(1)温度管理 茄子栽培所需要的温度较高。为了提高温度,冬、春季节茄子设施栽培一般采用大棚＋小拱棚＋地膜多重覆盖的方式进行。定植后到缓苗前,尽量保持较高的温度,但最高不得超过32℃。缓苗后注意通风,棚温维持在22℃～28℃。开花结果期白天棚温不宜超过30℃,不能低于15℃。生长中后期外界气温高时,可昼夜通风,将棚膜四周卷高1米以上,大棚变为天棚状,既可降温又可防雨。

（2）水肥管理　门茄开花前应适当控水蹲苗，以提高地温，促进根系发育。门茄坐果后，应浇水追肥，追施尿素 10～15 千克，其后每隔 10 天左右浇 1 次水，同时追 1 次肥，追肥的时期应选择在果实生长期。气温增高后应适当增加浇水次数，浇水后要适当通风，以降低棚内空气湿度，避免病害的发生。

（3）植株调整　为促进果实成熟，提高早期产量，必须及时进行整枝。坐果后要及时摘除中下部老叶、病叶和黄叶，既可改善通风透光条件，又可避免养分消耗，促进营养向果实集中；着果后期还可及时摘心，以促进果实迅速生长。有些品种的生长势较强，在保留主枝的基础上，要及时去掉其他分枝，以减轻营养消耗。

（4）保花保果　早春设施栽培由于气温低不易着果，生产上可用 40～50 毫克/升的番茄灵进行蘸花柄处理，以达到保花保果的效果。开花结果期还可采用 0.3％磷酸二氢钾进行叶面喷施处理。

4. 适时采收　茄子以幼嫩果实作为食用器官，其采收期一般根据茄"眼睛"（萼片与果实相连处的白色环状带）进行判断。作为早熟栽培的茄子宜在茄眼睛较大即白色环状带较宽时采收，特别是门茄的采收要早，以促进上部果实的发育。有些地区在门茄开花时即将花去掉，可促进门茄以上果实的生长发育。

5. 小拱棚短期覆盖栽培简介　适用于长江流域的早熟栽培。品种上，应选择极早熟的小果型品种，如上海牛奶茄、北京五叶茄等。小拱棚保温栽培可在 4 月上旬定植，这样可比露地早 20 天上市。采收时期不宜持续过长，一般在四母茄之后即可结束。其他的栽培管理措施可参照塑料大棚栽培进行。

(四)病虫害防治

危害茄子成株期的病害有黄萎病、绵疫病和褐纹病3大病害,虫害主要为红蜘蛛和茶黄螨。要根据所发生的病虫害种类选取适当药剂进行防治。

发现黄萎病病株时,可用50%多菌灵500倍液或双效灵2号200倍液灌根,每隔7天灌1次,连续2～3次。对绵疫病和褐纹病可选用75%百菌清可湿性粉剂500～600倍液,58%甲霜灵・锰锌400～600倍液,64%杀毒矾可湿性粉剂500倍液进行防治。对于红蜘蛛和茶黄螨可采用73%克螨特1 200倍液或扫螨净等进行防治。

第二节　瓜类蔬菜设施栽培技术

一、黄　瓜

(一)特征特性

1. 植物学特性　黄瓜主根明显,侧根多,水平生长,主要根群分布在30厘米的表土层内。育苗移栽的根群浅,茎基部容易发生不定根,根易老化,不耐移植。茎蔓生,4棱或5棱,绿色,被刺毛。单叶,互生,掌状浅裂,绿色,叶柄长,被茸毛。雌雄异花同株,花腋生,花冠黄色。果实为假果,由子房和花托共同发育而来。果实圆柱形,一般长18～25厘米或更长,横径4～6厘米,绿色或墨绿色,表面光滑或有瘤状突起,瘤的顶端着生黑刺或白刺。种子披针形,扁平,黄白色。每果含种子150～400粒,千粒重25～30克。

2. 对环境条件的要求

(1)温度　黄瓜喜温不耐高温,发芽期适温为25℃～

30℃；苗期适温白天 25℃～29℃、夜间 15℃～18℃，地温18℃～20℃；生育适温为 10℃～30℃，白天 25℃～30℃、夜间10℃～18℃。

(2)光照　大多数黄瓜品种8～11 小时的短日照能促进雌花形成。黄瓜是果菜中相对比较耐弱光的蔬菜，但 2 000勒以下不利于高产，茎叶弱，侧枝少，生长不良。另外，透过薄膜的紫外线越少，越有利于黄瓜生育。

(3)水分　黄瓜根系浅、叶片大、消耗水分多，故喜湿不耐旱，适宜的空气相对湿度为 70%～90%。黄瓜不同生长发育阶段需水量不同。种子发芽时要求有足量的水分；幼苗时应适当控制浇水，以防沤根、徒长及引起病害发生；以后随植株生长，需水量逐渐增多，尤其是结果期，生殖生长和营养生长同步进行，因此必须满足水分供应，以防出现畸形瓜或化瓜。

(4)土壤和营养　黄瓜对土壤适应范围比较广，但最适宜的是富含有机质的肥沃壤土，pH 值 6.5 为宜。黄瓜喜肥，但不耐高浓度肥料，土壤肥料溶液浓度过高或肥料不腐熟易发生烧根现象。黄瓜生长迅速，进入结果期早，产量高，故耗肥量较大，因此黄瓜的施肥原则是"少量多次"。黄瓜整个生育期间要求钾最多，依次为氮、钙、磷，施肥依据氮：磷：钾为2～3：1：4 较为合适。

(二)品种选择

黄瓜冬、春季节设施栽培应选择耐寒性强、早熟性好、抗病性强且单性结实率高的品种。适合长江流域冬、春季节设施栽培的黄瓜品种有中农 5 号、中农 13 号、津优 1 号、津杂 2号、津杂 4 号、津春 2 号、湘黄瓜 2 号、春园 4 号、华黄 1 号等。有些地方喜食白皮黄瓜，较好的早中熟品种有华黄 4 号、湘园1 号、燕白黄瓜(表皮为绿白色)等。

(三)栽培技术

1. 播种育苗 黄瓜冬、春季节设施栽培播种期的确定应根据选用品种、当地气候条件、设施性能及育苗条件而定。长江流域黄瓜冬、春季节设施栽培的播种时间一般为 1 月上中旬。采用双层覆盖的,播种期可提前 6～7 天;采用多层覆盖的,播种期可提前 10～15 天;具有临时加温条件的,播种期还可适当提前。黄瓜播种后棚温宜保持在 25℃～30℃,2～3 天后即可出苗,幼苗出土后将温度降低,白天为 20℃～25℃、夜间为 15℃～18℃,育苗过程中应充分见光。黄瓜冬、春季节育苗的壮苗标准是具有真叶 6～7 片,茎粗节短,叶片肥厚、深绿色、舒展,株高 15～20 厘米,叶腋间已现有雌花,根系发达。达到此标准,采用电热温床育苗所需时间为 45～50 天,酿热温床为 50～55 天。

2. 整地定植 定植前 20 天至 1 个月大棚扣膜,以尽快提高地温。定植前 10 天进行整地做畦,将土壤深翻 20 厘米以上,结合整地施入肥料。黄瓜冬、春季节设施栽培产量高,施肥量应加大,一般每 667 平方米施用优质有机肥 6 000～7 000 千克、复合肥 50 千克、过磷酸钙 50～60 千克。将土壤耙碎后做成高畦,沟深 20～25 厘米、畦宽 1.33 米(包括沟),覆盖好地膜。每畦栽 2 行,行距 50～60 厘米,株距 20～25 厘米,每 667 平方米定植 4 500～5 000 株。也有的地区采用大小行定植,小行距 40 厘米,大行距 80 厘米,株距 25～30 厘米,每 667 平方米保苗 4 000 株左右。当棚内地温稳定在 10℃以上、夜晚最低气温不低于 7℃、短时寒流降温不低于 2℃时即可定植。长江流域黄瓜冬、春季节设施栽培一般于 2 月中下旬定植,定植宜在冷尾暖头的晴天上午进行。黄瓜根系较浅,定植时不可将苗栽得太深,定植后要立即封棚保温,如果温度较低,要在大棚内套小拱棚,必要时还可外加草苫等防寒设施。

3. 田间管理

(1)温度管理　定植后须立即闷棚,以尽快提高棚内温度,促进缓苗。缓苗期间若白天温度不超过 30℃,无需通风。采用多层覆盖时应在早晨及时揭开棚上覆盖物,以尽快提高棚内温度。缓苗后应根据天气情况适时通风,白天维持在 24℃~28℃,夜间最低温度维持在 12℃左右。冬、春季节栽培的早期往往存在倒春寒现象,要根据天气情况及时做好设施的保温工作。根瓜采收后气温逐渐升高,要根据天气情况加大通风量,夜温在 16℃以上时要昼夜通风。

(2)水肥管理　缓苗期一般不用浇水,定植后如植株生长点有嫩叶发生,即表示已经缓苗;缓苗后要根据作物长势和天气情况进行浇水。黄瓜的根系较浅,而叶片比较大,通过叶片的蒸腾失水较多,需要及时补充水分,一般 5~7 天浇 1 次水。进入盛瓜期后要加大浇水量,浇水后要注意通风,避免病害的发生和蔓延。黄瓜根瓜坐住后结合浇水追施 1 次肥料,每 667 平方米可施尿素 10~15 千克。根瓜采收后进入结瓜盛期,产量不断增加,应保持植株有足够的营养供应,一般每浇 1~2 次水,就要追施 1 次肥料,每次每 667 平方米用尿素或复合肥 10~15 千克,追肥时最好尿素与复合肥交替使用。黄瓜进入开花结果时期后,可用 0.3%尿素或 0.2%磷酸二氢钾进行叶面喷施以促进坐果。

(3)中耕　从定植到根瓜收获前要中耕 2~3 次。中耕的目的是促进土壤疏松透气,为根系提供一个适合发育的生长条件,促进根系对水分和肥料的吸收。由于黄瓜的需水量较大,灌溉后易引起土壤板结,为了改善土壤的性能,促进黄瓜根系对水分和营养的吸收,黄瓜进入盛瓜期后还要进行中耕,但后期中耕宜浅,避免损伤根系。

(4)植株调整　黄瓜属于蔓生性的蔬菜,生长过程中需要及时设立支架,避免植株倒伏。一般在黄瓜幼苗抽蔓后即可搭架。插架材料多用竹竿,一般插花架或"人"字架。由于在棚内设立竹竿后会产生阴影,影响棚内的光照,为了克服这一缺点,可采用塑料绳引蔓做成吊蔓系统,塑料绳的上端可固定在大棚骨架上,另一端缠绕在黄瓜茎上。黄瓜生长过程中绑蔓要及时,抽蔓后每周须绑1次。以主蔓结瓜的品种,生出的侧枝要及时摘除,以免消耗养分,影响主蔓的生长和结瓜。主蔓长到25～30片叶时要进行摘心,促使形成回头瓜。侧蔓雌花较多的品种,可在侧枝留1～2个雌花进行摘心,有利于侧枝结瓜,减少营养消耗。当瓜条开始采收后,应随时摘除植株病叶及下部枯黄老叶,并摘除卷须,改善通风透光条件。

4. 适期采收　黄瓜以幼嫩的果实作为食用器官,因此适期采收对于黄瓜栽培很重要。特别是在春季栽培的早期,由于早上市可以获得较好的经济效益,一般在采收前期要适度早收。进入采收盛期后,可以根据不同品种的特性进行适期收获。

5. 小拱棚短期覆盖栽培简介　一般在春季进行,属于短期覆盖,可比露地黄瓜提早15天左右定植,缓苗后开始通风,覆盖约1个月以后,通过加大通风锻炼,逐步适应外部环境。然后撤棚插架,有时在未撤棚前即可开始采收,早熟效果超过地膜覆盖栽培。近年来采用地膜＋小拱棚的双膜覆盖,效果更好。其具体栽培技术可参照大棚黄瓜春提早栽培进行。

(四)病虫害防治

黄瓜设施栽培的病虫害很多,常见的病害有霜霉病、疫病、白粉病、细菌性角斑病、炭疽病、枯萎病等多种病害。为害黄瓜的虫害主要有蚜虫、美洲斑潜蝇、白粉虱、黄守瓜等害虫。要根据所发生的病虫害种类选取适当药剂进行防治。

对于霜霉病的防治,可采用77%可杀得500~800倍液,72%普力克800~1 000倍液,72%杜邦克露可湿性粉剂600~800倍液叶面喷雾防治。对于疫病的防治,发病初期可用50%克菌丹500倍液,64%杀毒矾400倍液,72.2%普力克400~600倍液喷雾防治。对于白粉病的防治,可用30%百菌清烟熏剂进行熏蒸,或用粉必清可湿性粉剂1 000倍液,47%加瑞农600~800倍液进行喷雾防治。对细菌性角斑病可用农用链霉素200毫克/千克,新植霉素150~200毫克/千克,47%加瑞农600~800倍液,77%可杀得500~800倍液进行喷雾防治。对于炭疽病的防治,可用80%炭疽福美800倍液,77%可杀得500~700倍液,50%多菌灵500倍液进行喷雾防治。对于枯萎病的防治,除了在苗期用云南黑籽南瓜作砧木,选用抗病、优质的黄瓜品种作接穗进行嫁接栽培外,还可用50%多菌灵可湿性粉剂500倍液,50%甲基托布津可湿性粉剂400倍液,40%双效灵800倍液进行灌根。

对于蚜虫和白粉虱的防治可参见番茄虫害防治。对于斑潜蝇的防治可用48%乐斯本乳油800~1 000倍液,25%杀虫双2 000倍液进行喷雾。对于黄守瓜的防治可用21%灭杀毙乳油5 000~8 000倍液,40%氰戊菊酯乳油8 000倍液喷洒。

二、西　瓜

(一)特征特性

1. 植物学特性　西瓜主根系分布深广。茎蔓生,幼苗茎直立,节间短缩,4~5节后节间伸长,匍匐生长。分枝性强,可形成 3～4 级分枝。单叶互生。花为单性花,雌雄同株,单生,腋生。果实有圆形、卵形、椭圆形、圆筒形等,表皮绿白色、绿色、深绿色、墨绿色、黑色,间有网纹或条带,果肉乳白色、淡黄色、深黄色、淡红色、大红色。肉质分紧密和沙瓤。种子扁平,卵形或长卵形,平滑或具裂纹,种皮白色、浅褐色、褐色、黑色或棕色。千粒重大籽类型 100～120 克,中籽类型 40～60 克,小籽类型 20～30 克。

2. 对环境条件的要求

(1)温度 西瓜属耐热性作物,要求较高温度,不耐低温,更怕霜冻。西瓜生长所需最低温度为 10℃,最高温度为 40℃,最适温度为 20℃～30℃。西瓜生长地温范围为 20℃～30℃,根系生长最低温度界限为 10℃,低于 15℃根系发育不正常,最适地温为 18℃～20℃,最高温度不能超过 25℃。西瓜最适合大陆性气候,在适宜温度范围内,较高的昼温和较低的夜温有利于西瓜生长。

(2)光照 西瓜属喜光作物,生长期间需充足的日照时数和强的光照度,一般每天应有 8～12 小时光照,栽培期间应确保棚室内的高光照度。

(3)水分 西瓜叶蔓茂盛,果实硕大且含水量高,因此耗水量大。另外西瓜根系发达,吸收能力强,叶片缺刻深,叶面有蜡质层,可减少水分蒸腾,比较耐干旱,但水分充足可提高产量。

(4)土壤 西瓜对土壤的适应性较广,沙土、壤土、黏土均可栽培,但最好是冲积土和砂壤土。

(二)品种选择

作为冬、春季节设施栽培西瓜品种,要求耐低温弱光能力强,早熟性好。小果型(小西瓜)的适宜品种有红小玉、早春红玉、春光、黄小玉、特小凤、黑美人、小兰、拿比特、小天使、万福来、秀丽等；中果型的适宜品种有早佳(8424)、丰乐一号、京欣二号等。不同的西瓜品种果实重量，果皮颜色、花纹、果肉颜色、质地和口感等具有差异。以小西瓜为例说明西瓜冬、春季节设施栽培要点。

(三)栽培技术

1. 培育壮苗 12月中下旬至翌年1月上旬在塑料大棚或日光温室内利用电热温床营养钵护根育苗。采用温汤浸种(55℃～60℃温水浸种15分钟)后将水温冷却至30℃，再浸2～4小时，用毛巾保温保湿催芽，催芽的温度控制在28℃～30℃，待种子露白后播种。西瓜育苗最好采用营养钵育苗，每个营养钵内播1粒催出芽的种子，用沙或细土覆盖。出苗期间，温度白天保持25℃～32℃，夜间18℃～20℃；真叶展开期间适当降温，白天25℃～28℃，夜间15℃～16℃，防止产生高脚苗。

2. 嫁接育苗 采用嫁接育苗可显著提高幼苗的抗病性和抗逆性，应选择与西瓜亲和力好、抗病力强、且不影响西瓜品质的将军、超丰 F_1 等作为砧木，砧木应比接穗提前3～5天播种。嫁接西瓜采用的方法有插接法、靠接法、劈接法等，以插接法最为简便。嫁接适期是砧木苗的第一片真叶出现到刚展开期间，西瓜苗以子叶初展、真叶未露期间嫁接为宜。嫁接后应封棚保湿，3天后可通小风，7天后加大通风量降湿。嫁接苗如出现萎蔫时，要及时遮荫。嫁接后还应注意苗床温度，白天28℃～32℃，夜间18℃～20℃。嫁接苗成活后，应及时降低苗床温度，防止出现徒长。嫁接后应随时检查和去掉砧木上萌生的新芽，以防影响接穗生长。

3. 整地施肥 最好选用地势较高、排水方便、3年以上未种过瓜类作物的田块。定植前 15～20 天扣棚提高地温,深翻土壤,每 667 平方米撒施腐熟农家肥 1 500～2 000 千克、过磷酸钙 30 千克后翻地,做畦后每 667 平方米沟施复合肥 30～40 千克、饼肥 50～100 千克,将土壤整细耙匀,定植前 3～4 天用乙草胺或 40%敌草胺除草后覆盖地膜。西瓜的设施栽培有两种方式:一种是爬地式栽培,畦宽 200～220 厘米,采用 3 蔓整枝,株距 40～45 厘米,每 667 平方米定植 700～750 株;采用 4 蔓整枝,株距为 60～65 厘米,每 667 平方米定植 500～550 株。第二种是采用立架式栽培,双蔓整枝时行株距为 60～80 厘米×45～50 厘米,每 667 平方米定植 1 000～1 200 株;单蔓整枝时株距为 35～40 厘米,每 667 平方米定植 1 600～1 800 株。早春西瓜定植的适宜苗龄为 30～35 天,具 2 叶 1 心。定植时气温应稳定在 12℃以上。按株行距用制钵器打好定植穴,其深度与营养钵一样高。定植后浇适量定根水。如果定植后晚上气温较低,应在棚内再覆盖一层小拱棚,必要时覆盖草苫等防寒设施。

4. 定植后的管理

(1)棚内温度和湿度管理　定植后缓苗期间一般不通风,若白天温度超过 35℃要通风。西瓜开花授粉时温度白天保持在 20℃～25℃,晚上最低温保持在 15℃以上。结果后西瓜开始膨大,可适当提高棚内温度,白天 28℃～30℃,晚上 16℃～20℃。整个生长期棚内空气相对湿度应控制在 80%以下,浇水后注意通风。

(2)整枝绑蔓(理蔓)　不同栽培方式,枝蔓管理形式不同,栽培密度越大,则留蔓越少。若采用立架栽培,定植后当真叶长到 4～6 片时进行摘心,待子蔓发出后每株选留 2 条长势较好的作为主蔓,其余疏除,并在茎蔓生长期每隔 3～5 天摘除蔓上的腋芽。当主蔓长至 30 厘米左右时,要搭架绑蔓。为了避免棚内搭竹架影响透光,近年来提倡采用吊蔓栽培法,在顺瓜垄的上方 2 米高度拉好铁丝,吊绳的一端拴在铁丝上,另一端缠绕在瓜蔓上。也可在植物基部沿栽培行方向拉 1 根铁丝,将吊绳的下端固定在下部铁丝上后再缠绕在瓜蔓上,每 1 条瓜蔓占 1 根吊绳。若采用爬地栽培,应根据栽培密度选留 3～4 条健壮子蔓,将子蔓在畦上均匀分布,以利于充分受光。

(3)授粉留瓜　西瓜设施栽培时棚内缺少传粉昆虫,应进行人工授粉,在雌花开放 2 小时内授粉效果最好。一般上午 9～10 时授粉,用当日开放的雄蕊轻点一下雌蕊的柱头,一朵雄花可授 2～3 朵雌花,留果时摘除主蔓上第一雌花,第二雌花授粉留瓜。当瓜膨大发育后,用尼龙绳绕瓜柄一周把瓜吊在瓜架上,以防瓜重掉下。若采用爬地栽培,授粉后应做好垫瓜、翻瓜工作,使果实着色均匀。

(4)肥水管理　坐果前一般不再施追肥,待幼瓜长至鸡蛋大小时,每 667 平方米施复合肥 3 千克、硫酸钾 3 千克;第二次在西瓜碗口大时,每 667 平方米施复合肥 3～5 千克、硫酸钾 2～3 千克。西瓜在果实膨大期对水分比较敏感,土壤水分供应不均匀时易造成裂果,浇水最好采用滴灌,追肥可以结合灌水进行,果实成熟前 10～15 天应控制浇水。开花结果期可用 0.3％磷酸二氢钾溶液进行叶面喷施。

5. 采收　小型西瓜皮薄易开裂,过迟采摘不仅影响头批瓜的商品性,还会抑制第二批瓜的膨大速度,头茬瓜宜适当早收。

6. 西瓜双膜覆盖技术简介　西瓜双膜覆盖是在地膜覆盖的基础上再加小拱棚,增强保温,提早定植,促进早熟的一种栽培方法。1月底至2月中下旬播种,3月中下旬待苗已具有3～4片真叶时开始由南向北定植。苗期管理和田间管理与大棚栽培相似。

(四)病虫害防治

危害西瓜生产的主要病害有蔓枯病、枯萎病、病毒病、炭疽病、疫病等,主要虫害有蚜虫、斑潜蝇、小地老虎等。

对于蔓枯病的防治,在发病初期可用72.2%普力克水剂800倍液,64%杀毒矾M8可湿性粉剂500～600倍液喷雾,或用75%百菌清可湿性粉剂或70%甲基托布津可湿性粉剂30倍液调成糊状后涂于病变部位。枯萎病的防治除了采用嫁接换根外,还可用50%多菌灵可湿性粉剂500倍液,70%甲基托布津可湿性粉剂800倍液灌根。病毒病可用10%吡虫啉可湿性粉剂2 500～3 000倍液,2.5%联苯菊酯乳油1 000～2 000倍液进行预防。炭疽病可用70%甲基托布津可湿性粉剂500倍液,50%施保功可湿性粉剂400～600倍液防治。对疫病的防治可在发病初期可用72%克露可湿性粉剂800倍液,加瑞农1 500～2 000倍液喷雾。

对蚜虫的防治可参见番茄虫害防治;对斑潜蝇的防治可参见黄瓜虫害防治;对小地老虎和瓜种蝇的防治可用50%辛硫磷乳油1 000倍液灌根,也可用80%敌百虫可溶性粉剂加麦麸制成毒饵诱杀。

三、厚皮甜瓜

(一)特征特性

1. 植物学特性 一年生攀援草本,根系发达,主根深达1米以上,侧根分布直径2～3米。多数根分布在30厘米以内的耕层中。茎圆形,有棱,被短刺毛。分枝性强。单叶互生,叶片近圆形或肾形,被毛。花腋生,雄花单生或簇生,雌花和两性花多单生。瓠果,有圆形、椭圆形、纺锤形、长筒形等形状。果皮光滑或具网纹,果肉为发达的中、内果皮,有白色、橘红色、绿黄色,有的具香气。种子披针形或长扁圆形,大小各异,黄色、灰白色或褐红色。

2. 对环境条件的要求

(1)温度　甜瓜是喜温作物,萌芽期最低温度 15℃,最适温度 30℃～35℃;幼苗生长最适温度 26℃～27℃,夜温 15℃～20℃,土温 20℃～25℃;果实发育最适温度 30℃～35℃。温度低于 13℃生长停滞,低于 10℃时完全停止生长,低于 7.4℃时就会产生冷害。较大的日夜温差有利于优质高产。

(2)光照　甜瓜是十分喜光的作物,在光照不足情况下甜瓜的生长发育会受到抑制。

(3)水分　与西瓜相比,甜瓜需水量更大,要求充足的水分供应,要求 0～30 厘米土层的土壤含水量应保持在田间持水量的 70%左右。甜瓜要求较低的空气相对湿度,适宜的空气相对湿度为 50%～60%。

(4)土壤　甜瓜对土壤的适应性较广,不同土质都可栽培,但以土层深厚、排水良好、肥沃疏松的壤土或砂壤土为好。

(二)品种选择

厚皮甜瓜又名洋香瓜,因其果肉厚、香味浓郁,近年来设施栽培面积发展很快。适宜早熟栽培的厚皮品种有伊丽莎白、状元、鲁厚甜 4 号、蜜露、蜜世界、西薄洛托、翠蜜、蜜兰、春丽等品种。不同的品种果皮颜色、花纹有差异,栽培时应根据当地消费习惯选择。

(三)栽培技术

1. 播种育苗　将甜瓜种子采用温汤浸种后再用 30℃ 温水浸 2～4 小时，用毛巾或湿布包好，在 28℃～30℃ 下催芽，待种子露白后播种。也可在催芽前用 50% 多菌灵 500～600 倍液浸种 15 分钟防治真菌性病害；或用 10% 磷酸三钠溶液浸种 15 分钟起到钝化病毒的作用。甜瓜育苗可采用营养钵或穴盘育苗，每钵或每穴中播种一粒催芽后的种子，再覆土 1～1.5 厘米厚。播后盖地膜增温，苗床上盖小拱棚，出苗后撤掉地膜。出苗前苗床内气温保持白天 28℃～32℃，夜间 17℃～20℃；出苗后气温白天降到 22℃～25℃，夜间 15℃～17℃。采用酿热温床或电热温床育苗。

2. 整地定植　定植前 1 个月扣棚提高地温，定植前半个月整地施肥，每 667 平方米施用腐熟农家肥 4 000～5 000 千克。施肥后深翻、耙平，做成 20 厘米高的高畦。每 667 平方米深沟条施过磷酸钙 50 千克、三元复合肥 100 千克。适宜苗龄为 35 天左右，幼苗具 3 叶 1 心时选晴天定植。多采用立架栽培，密度以每 667 平方米植 1 500～2 000 株为宜，行距 80～100 厘米，株距 35～45 厘米。也可采用大小行定植，大行距 90 厘米，小行距 60 厘米，株距 45 厘米。

3. 定植后的管理

(1)温度管理　甜瓜定植后应维持较高的温度，白天棚内温度应稳定在 28℃～30℃，以利于缓苗。进入伸蔓期(开花坐果期以前时期)以后，气温保持白天 25℃～28℃，夜间 16℃～18℃，开花期夜温不宜低于 18℃。果实进入膨大期后，气温要求白天维持在 28℃～32℃，白天最高温度不宜超过 35℃，夜间 15℃～20℃。增大日夜温差，有利于果实糖分的积累。

（2）湿度和光照管理 较低的空气相对湿度有利于厚皮甜瓜的生长发育。可以通过覆盖地膜、采用滴灌和加强通风来控制棚内的空气相对湿度。甜瓜生长发育需要充足的光照，每天最好保持光照 8 小时以上。

（3）肥水管理 定植后至伸蔓前，瓜苗需水量少，应控制浇水，水分过多会影响地温升高和缓苗过程。进入伸蔓期后浇 1 次水，结合浇水每 667 平方米施入氮磷钾三元复合肥 15～20 千克。开花后 1 周内控制水分，防止植株徒长影响坐果。定瓜后浇膨瓜水，每 667 平方米随水施入复合肥 15～20 千克，生长较弱的植株可喷施 0.2%～0.3%磷酸二氢钾进行叶面追肥。以后视土壤墒情，每隔 7～10 天浇 1 次水，果实成熟前 15～20 天，应逐渐减少水分供应，保持土壤适当干燥，促进果实糖分积累。采用双层留瓜时，在上层瓜膨大期再追施第三次肥，每 667 平方米追施复合肥 20 千克。为了节约灌溉用水和减少棚内空气相对湿度，提倡甜瓜设施栽培采用滴灌。有些地区习惯于沟灌，施肥采用冲施方式，这种情况下应注意每次灌水的高度不能超过畦面，沟灌后应特别注意通风降湿。

（4）整枝绑蔓 立架材料可选用细竹竿或塑料绳，提倡采用塑料绳进行吊蔓栽培。厚皮甜瓜栽培时应严格整枝，棚栽甜瓜可单蔓整枝和双蔓整枝，生产上多采用单蔓整枝。单蔓整枝是保留主蔓，以早熟的伊丽莎白为例，在 8～12 节留瓜，当植株长到 24～26 片叶后摘心。采用双蔓整枝时，幼苗长到 4～5 片真叶摘心，选留健壮子蔓 2 条向两侧引开，及时摘除其余侧枝，然后分别吊秧上架，子蔓也在 8～12 节处留瓜，子蔓 24～26 叶时摘心。也可采取双层留瓜，植株长势良好时，可待主蔓的第十一至十五节的第一层瓜坐住后，再在第二十至二十五节留一层瓜，去掉其余蔓杈。

（5）人工授粉　厚皮甜瓜属异花授粉作物，大棚密闭时无传粉昆虫，需进行人工授粉。授粉时间最好在上午9～10时进行。取当天新开雄花，去掉花冠露出雄蕊，在带瓜雌蕊柱头上轻轻涂抹，一朵雄花能涂3～4朵雌花。当幼瓜长到鸡蛋大小时选发育较好、果形端正、果柄粗长的幼瓜留下，每蔓1瓜，其余的全部疏去。当瓜长到250克左右时用绳或网兜吊瓜固定，在瓜蔓顶端子蔓上留2～3片叶摘心。

4. 采收　厚皮甜瓜的采收可根据授粉日期，推算果实的成熟度，并根据果皮皮色的变化等综合判断采收时期。对于果实成熟时蒂部易脱落品种及成熟时果肉变软的不耐藏品种，应适当早收。

（四）病虫害防治

危害设施甜瓜生产的主要病害有枯萎病、蔓枯病、病毒病、霜霉病、白粉病、炭疽病等。主要虫害有蚜虫、潜叶蝇、小地老虎、蛴螬等。对甜瓜病虫害的防治可参照西瓜栽培进行。

第三节　豆类蔬菜设施栽培技术

一、豇　豆

（一）特征特性

1. 植物学特性　根系较发达，主根深50～80厘米，主要分布在15～18厘米的表土层。根易木质化，再生能力弱，有根瘤着生。幼茎多棱，绿色。茎有蔓生、半蔓生或矮生。第一真叶为单叶，1对，对生。以后的真叶为三出复叶，互生，多为卵状菱形，绿色或深绿色，全缘无毛。总状花序，腋生，花序柄长，顶端着花；花蝶形，白色、黄色或紫色。果实为长荚果，称为豆荚,线形,长 30～100 厘米,绿色、深绿色或紫色。荚直或顶端稍曲,下垂。种子肾形,褐色、紫色、黑色、黄白色和各种花斑(黑白或紫白相间)。千粒重 120～150 克。

2. 对环境条件的要求

(1)温度　豇豆喜温,具有较强的耐热性,在 35℃时仍能正常生长。种子发芽的最低温度为 8℃～12℃,最适 25℃～28℃。植株生长的适温为 20℃～28℃。10℃以下生长受阻,5℃以下受害。

(2)光照　豇豆喜光,开花结果期光照不足时会造成落花落荚。

(3)水分　豇豆比较耐旱,种子发芽期和幼苗生长期水分不宜过大,以免降低发芽率和造成秧苗徒长。开花结荚期要求比较高的土壤水分和一定的空气湿度,干旱会造成落花落荚。

(4)土壤　在土层深厚、土壤肥沃、排水顺畅、通透性良好的壤土上,豇豆生长良好。土质黏重、低洼潮湿的地块对豇豆生长不利。

(二)品种选择

豇豆别名长豆角、豆角。豇豆按熟性可分为早熟、中熟、晚熟品种。按荚果颜色和饮食习惯可分为白豇豆、绿白豇豆、青豇豆、紫豇豆(红豇豆)。早熟品种有早翠、宁蔬春早、红嘴燕、之豇 28-2、四川五叶子、重庆二巴豇、广州铁线青、龙眼七叶子、贵州青线豇;中熟品种有武汉白鳝鱼骨、鄂豇豆 1 号、四川白胖豆、圣园 901、广州大叶青;晚熟品种有四川白露豇、广州金山豆、浙江 512、贵州胖子豇、江西八月豇和广州八月豇等。均适合长江流域推广。加工品种宜选择绿白品种和荚粗一致的品种。

(三)栽培技术

1. 培育壮苗　长江流域大棚豇豆春茬,2月下旬至3月上旬播种育苗,3月中下旬至4月上旬定植,5月中下旬至6月上旬采收。要培育壮苗,首先应选用品质优良的种子。每667平方米播种量为2.5千克左右。育苗一般选用大棚,播前应准备好营养土苗床及营养钵。营养土苗床要提前翻耕,捣细耙平,每667平方米施腐熟有机肥1 000千克左右。如用营养钵育苗,则营养钵直径不应小于8厘米,高不应低于10厘米。然后在平整的床上按7~8厘米见方播粒大饱满的种子3~4粒(营养钵中同样播3~4粒种子),浇足底水,盖上0.5厘米厚的营养土,再平铺地膜,然后用小拱棚保温。播种后,在正常情况下4~7天可出苗,幼苗出土后要及时揭掉地膜,但小拱棚仍要昼揭夜盖。出苗后,白天保持温度20℃~25℃,大棚内既要注意保温,又要进行通风和换气,以保证幼苗生长整齐、健壮。种子发芽期和幼苗期床土不宜过湿,以免降低发芽率,或导致幼苗徒长,甚至烂根死苗。

2. 整地定植　豇豆定植的适宜温度为10厘米地温稳定在15℃,气温稳定在12℃。温度低时可以加盖地膜或小拱棚。定植前10天左右扣膜增温。定植宜在晴天上午进行。育苗苗龄20~25天,壮苗标准为苗高20厘米左右,开展度25厘米左右,茎粗0.3厘米左右,真叶3~4片,根系发达,无病虫害。定植时应采用高畦,畦宽1.8~2米,双行,每穴双株,穴距为20厘米左右。南方冬季光照弱穴距应较大,为30厘米左右。每667平方米施用1 500~2 000千克腐熟粪肥,40~50千克过磷酸钙作基肥。

3. 定植后的管理

(1)温度管理　定植后5天内不通风,闷棚升温,促进缓苗。缓苗后,室内气温白天保持 25℃～30℃,夜间不低于 15℃。严冬季节一般不通风,草苫应早揭晚盖,以保持较高的温度。但由于南方冬季光照弱,必须注意采光,经常擦拭棚膜,有条件的可挂反光幕。当春季外界温度稳定在 20℃ 以上时,可撤除薄膜,转入露地生产。

(2)水分管理　　在定植浇好缓苗水的基础上,可再分穴浇 1 次水,缓苗后沟浇 1 次水,此后以中耕划锄、蹲苗、保墒为主,促进根系下扎,严格控制浇水。第一个花序坐荚后,若土壤干旱,可浇 1 次促荚水,同时施催荚肥。翌年春季气温回升后,加大肥水用量,促进果荚的生长。应注意掌握浇荚不浇花、见湿见干的原则,合理进行灌水。

(3)植株调整　　蔓生类型应在抽蔓前及时支架。支架形式有单篱、双篱、"人"字架或倒"人"字架等。植株还需要一定的调整,目的是使茎蔓均匀分布,提高光能利用率。为了利用主蔓和侧蔓结荚,增加花序数及其结荚率,延长采收期,提高产量,应适当选留侧蔓,摘除生长弱和迟发生第一花序的侧蔓,选留生长壮、发生第一花序早的侧蔓。其中在主蔓中部以上长出的侧蔓,抽出第一花序后留 4～5 叶打顶,同时还应经常引蔓、打杈、除掉老病叶使透光性更好。

(4)营养管理　　在施足基肥后,幼苗以前一般不追肥,抽蔓期酌情施用,可在抽蔓后期施 7～10 千克复合肥。至第一花序结荚后,可结合浇水施催荚肥,每 667 平方米埋施或顺水冲施硝酸铵 20 千克、磷酸二铵 15 千克。豆荚盛收后期,加强肥水与病虫害防治,进一步促进侧蔓生长和各花序上的花蕾发育,可增加结荚。若生长势良好,盛收后期增施 300～400 千克腐熟有机肥和 15～20 千克复合肥,可促进生长,增加结荚,延长采收期,提高产量。

4. 采收 当嫩荚已饱满、而种子痕迹尚未显露时,为采收适期。一般在花谢后 7～8 天,当果荚饱满、组织脆实且不发白变软、籽粒未显露时为采收适期。初产期 4～6 天采收 1 次,盛产期每隔 1～2 天采收 1 次。采收时,不要伤及花序上的其他花蕾。采收后的果荚要扎成把,装箱上市。

5. 小拱棚加地膜覆盖栽培简介 小拱棚栽培应选用早熟高产适于密植的品种,播种时大部分用干粒直播。适宜播期(直播)在终霜期前 20 天左右,定植期在终霜期前 15 天左右。每 667 平方米栽培需准备 95 厘米幅宽的地膜 4～7 千克。可先播种后盖地膜,幼苗出土时破膜而出,每畦定植完再扣棚。具体的管理技术可参照大棚栽培进行。

(四)病虫害防治

豇豆的主要病害有根腐病、锈病、煤霉病、病毒病等,虫害有豇豆钻心虫和豆荚螟等,要注意防治。

1. 豇豆根腐病

(1)农业措施 发病重的地块要与葱蒜类蔬菜、禾本科作物等实行 3～4 年轮作;实行高畦或深沟窄畦栽培,经常清沟排水,降低湿度,及时清除病株残体烧毁或深埋。

(2)药剂防治 在田间零星发病时开始用药。施药方法有药液浇根和喷雾两种。药剂可选用多菌灵、防霉宝可湿性粉剂、托布津可湿性粉剂、抗枯宁等。灌根的药液浓度可稍加大,每株浇药液 250 毫升,每隔 7～10 天 1 次,共浇 4～5 次;喷雾的药液按常规比例对水,重点喷射豆株茎基部,每隔 7～10 天 1 次,连续喷 3 次。

2. 豇豆锈病

药剂防治 防治上可在发病初期选用 25% 粉锈宁可湿性粉剂 2 000 倍液,5% 萎锈灵乳油 800 倍液,50% 多菌灵可湿性粉剂 500 倍液等。一般每隔 7~10 天喷 1 次,连续防治 2~3 次。粉锈宁的用药间隔可延迟至 15 天。

3. 豇豆煤霉病

(1)农业措施　要避免播种过密,以利于田间通风透光;及时清除田间染病落叶,减少再传染菌源。

(2)药剂防治　发病初期采用药剂喷雾,控制传染。药剂可选用百菌清可湿性粉剂(75%含量的用 600 倍液)、多菌灵(40%胶悬剂 800 倍液)等。

4. 豇豆病毒病

农业措施　防治上以早期灭蚜为主,特别是干旱年份更应注意防蚜。此外,加强栽培管理,增强植株抗病力。

5. 豇豆钻心虫和豆荚螟

(1)农业措施　摘除被害的卷叶和豆荚集中烧毁。

(2)药剂防治　药剂防治的策略是"治花不治荚",即在豇豆始花期第一次用药,以后间隔 7~10 天 1 次,连续 2~3 次。喷药时间以早晨 8 时前花瓣张开时为好,此时虫体可充分接触药液;药剂可选用菊酯类及其复配制剂,如敌杀死、速灭杀丁、灭杀毙等。若在结荚后用药一定要在采摘后喷药,禁止采前喷药,避免中毒。防治钻心虫时可兼治豆荚螟。

二、菜　豆

(一)特征特性

1. 植物学特性　根系较发达,主根深,侧根分布宽,但主要根群分布在表土 20 厘米左右范围内。有根瘤。茎矮生、半蔓生和蔓生。第一真叶为单叶,1 对,心形,对生。以后的真叶为三出复叶,小叶卵圆形、卵菱形或心形,绿色,全缘,互生。具长叶柄,基部有一对托叶。总状花序,腋生。每花序有花数朵至 10 余朵,花蝶形,白色、黄色或紫色,龙骨瓣呈螺旋卷状,是菜豆的重要特征。果实为长荚果,荚长 10～20 厘米,横径 0.8～1.7 厘米,嫩荚绿色、浅绿色、紫红色或紫红花斑色,成熟时黄白色至黄褐色,每荚含种子 4～15 粒。种子肾形或卵形,红色、白色、黄色、褐色、黑色和花斑色。千粒重 300～700 克。

2. 对环境条件的要求

(1)温度 菜豆生长喜温和气候,不耐霜冻。菜豆生长的最适温度界限为 18℃～22℃,种子发芽的适宜温度为 20℃～25℃,开花结荚期要求 18℃～25℃ 的温度。菜豆生长过程中,地温需维持在 10℃ 以上,否则种子发芽及根系生长会受到影响。5℃ 以下的低温易产生不完全花,30℃ 以上的高温、干旱易产生落花落荚现象,昼夜高温,植株徒长,几乎不能开花结果。长江流域和华南实行春播和秋播。

(2)光照 菜豆喜强光,弱光下易徒长。为日中性作物,在不同长度的光照条件下均可开花结荚。

(3)水分 菜豆根群分布较深,吸收力较强,要求土壤含水量为田间最大持水量的 60%～70%。菜豆对水分的要求以开花期最敏感,此期土壤湿度及空气湿度过低均会影响植株的正常代谢,因而应保持土壤见干见湿及 80% 左右的空气相对湿度。其他生长期保持 55% 的空气相对湿度。

(4)土壤 菜豆对土壤要求不很严格,以土层深厚、有机质丰富、排灌方便的肥沃壤土为好。忌连作,宜与非豆类作物实行 2～3 年轮作。

(二)品种选择

菜豆别名四季豆、芸豆、玉豆等,以食用嫩荚为主。硬豆荚采收豆粒;软豆荚采收嫩豆荚为主,也可以采收豆粒。按生长习性而分为蔓生、半蔓生和矮生类型。主栽品种以蔓生类型为主。适合南方及长江流域的品种有丰收1号,早熟;12号菜豆,中晚熟;白籽四季豆,早熟;黑籽四季豆,迟熟;中花玉豆,迟熟,耐寒;将军(一点红)油豆,中熟,特耐贮运。

矮生类型在长江流域少有引进。品种有供给者、优胜者77-10。

(三)栽培技术

1. 培育壮苗 江淮流域春季设施早熟栽培播种期一般为大棚2月上旬至3月上旬,小拱棚和地膜依次适当延后。露地栽培为3月下旬至4月上旬。菜豆不耐高温,所以秋菜豆的播种期不宜过早,长江流域地区低山区一般7月上中旬、低海拔地区于7月中下旬至8月上旬直播。随海拔增加播期可以略加提早。温室栽培为9月上旬至下旬。

大面积栽培一般都进行大田直播。蔓生菜豆在畦上按行距60厘米开深3～4厘米、宽10厘米左右的种植浅沟,在沟中按穴距25～30厘米点播,每穴播种3粒,肥田偏稀,瘦田偏密,播后覆细土厚2～3厘米,沙土偏厚,黏土偏薄。矮生种菜豆按行距和穴距均为33厘米左右点播,每穴仍播种3粒。菜豆播前若土壤干旱发白,应于播种前1天浇底水,播种后一般不宜浇水,以防土壤板结。

如采用育苗移栽,可比大田直播提前15～20天播种,采收期也可相应提前。育苗应选避风向阳、排水良好的地块,做成冷床(阳畦),应用营养钵或护根钵育苗,然后栽植。每667平方米播种量,矮生种为7.5千克左右,蔓生种为5～6千克。

2. 整地定植 菜豆对土壤要求较严,应选土层深厚、排水良好的砂壤至黏壤土种植。酸性土要施石灰中和后才可种植,碱性土不宜种植,菜豆忌连作。菜豆根系较深,一般应深耕 20～25 厘米,每 667 平方米施腐熟有机肥 1 500～2 000 千克、蔬菜专用复合肥 30～50 千克。再耕耙做畦,宜做高畦,一般畦宽 1 米,畦沟宽 40 厘米,沟深 20～25 厘米。由于菜豆根系再生能力较弱,伤根后不易发新根,所以生产中多用小苗移栽,当苗龄在 20～25 天、幼苗有 3～4 片真叶时即可移栽。

3. 定植后的管理　出苗或栽植成活后要及时查苗补缺,立即补种或匀苗移补,保证每穴有苗 2～3 株。出苗后或定植成活后 15～25 天,当蔓生种开始抽蔓(出龙头)、矮生种开始分枝时,每 667 平方米施 10%稀薄腐熟粪肥液或 0.5%尿素稀肥水 1 次,每 667 平方米用粪肥 200 千克或尿素 10 千克稀释浇施,以促进生长和花芽分化。到第一、第二花序已结出嫩荚 3～4 个和开始采收嫩荚后,要再追施 2 次重肥。施肥量比第一次加倍,并每 667 平方米增施过磷酸钙 15 千克左右,地旱时加水稀释浇施,地湿时拌细土开穴点施。矮生种菜豆结荚期短,往后不再追肥;蔓生种结荚期较长,视生长结荚情况还应适当追肥 2～3 次。菜豆生长前期,易受杂草危害,应中耕除草 2～3 次,封行后停止中耕。蔓生种在开始抽蔓时要及时用细竹或芦竹搭"人"字形支架,并力求支架较高、较牢,一般架高 2 米左右,以引蔓向上生长和结荚。菜豆不耐旱、涝,苗期要保持土壤见干见湿,只宜小水勤浇;开花结荚期要始终保持土壤湿润,应多灌溉,但也要防止水分过多,造成落花落荚。多雨天气要做好排水工作,达到雨止田干。

4. 采收　矮生种自定植后 25～28 天始收,采收期为 20 天左右;蔓生种自定植后 35～40 天始收,采收期 40 天左右。一般情况下,开花后 10～15 天可采收嫩荚。采收的标准为:当豆荚颜色由绿色转为淡绿色、外表有光泽、种子略为显露时即可采收。

5. 小拱棚风障栽培简介　利用小拱棚加风障移栽菜豆,可达到提早上市的目的。小拱棚最低气温比露地高 2℃～3℃,高温时间长、地温高,生长快,可提前 20～30 天上市。矮生菜豆 2 月份育苗,3 月上旬定植,4 月下旬开始采收;蔓生菜豆 3 月上旬直播,10 天齐苗,5 月下旬至 7 月中旬采收。栽培管理可参照大棚栽培进行。

(四)病虫害防治

菜豆的病害防治可参照豇豆的进行。

三、豌　豆

(一)特征特性

1. 植物学特性　直根系,主根发达,侧根多,有根瘤,主要根群分布在 20 厘米的表土层。茎方形或圆形,绿色或深绿色,中空,表面有蜡质,分蔓生、半蔓生和矮生,侧枝多。子叶不出土,真叶为偶数羽状复叶,具 2～3 对小叶,与茎同色,互生,复叶顶端小叶退化成卷须,基部有 1 对耳状托叶,抱茎。紫花豌豆托叶抱茎处呈紫色,托叶比小叶大,是豌豆的一个形态特征。总状花序,腋生,着花 1～2 朵,偶有 3 朵;蝶形花,白色或紫红色。果实为荚果,青绿色,分软荚和硬荚。每荚含种子 2～4 粒,多者达 7～8 粒。种子圆而表面光滑的为圆粒种,近圆而表面皱缩的为皱粒种,绿色或黄白色。千粒重从几十克至 400 克。

2. 对环境条件的要求　豌豆喜冷凉气候,耐寒,不耐热。生长期适温 12℃～16℃,结荚期适温 15℃～20℃。豌豆是长日照植物。豌豆根系深,稍耐旱而不耐涝。空气相对湿度以 60%、土壤湿度以 70% 为佳。但开花结荚期需水量较多。豌豆对土壤要求不严,在排水良好的砂壤上或新垦地均可栽植;

但以疏松含有机质较高的中性土壤为宜,有利于出苗和根瘤菌的发育。幼苗期需要一定的氮肥,氮、磷、钾的比例为4：2：1。

(二)品种选择

菜用豌豆按其嫩豆荚的硬化程度分为两类:一类为软荚青豌豆,又称荷兰豆、食荚菜豌豆,因其嫩荚无硬膜质层,纤维不发达,故以嫩荚供食用,代表品种有广东的莲阳双花、红花中花、大荚荷兰豆等;另一类为硬荚青豌豆,因嫩荚中有硬膜质层,纤维较发达,故不能食荚,以剥取嫩荚中饱满的青豆粒供食用,代表品种有中豌4号、中豌6号、团结2号、成豌6号、小青荚、绿色1号、白玉豌豆等。下面介绍食荚菜豌豆的栽培技术。

(三)栽培技术

1. 整地播种 长江流域越冬保护地栽培在10~12月份播种育苗,翌年1~4月份收获;春季保护地栽培在2~3月份播种,4~5月份收获。为了争取时间,最好用地膜覆盖,促进早出苗。选地势平坦、灌排方便、前一年未种过豆类作物的田块种植,要求土壤含有机质较高,砂壤土至黏土均可,以微酸性至中性为宜。施足基肥,一般每667平方米施腐熟有机肥2 000~3 000千克、过磷酸钙30~40千克,均匀撒施后深耕细耙,做畦。长江流域雨水多,要做深沟高畦,一般畦高20~25厘米,畦宽1米左右,畦沟宽30~40厘米。三沟配套,保证排水畅通。直播播种方法为每畦播种2行,行距60~66厘米,穴距为13~17厘米,每穴点播种子3粒,播深3~4厘米,每667平方米用种量5千克左右,并在距播种穴两侧约10厘米处开穴点施过磷酸钙,每667平方米施30~40千克。豌豆最忌连作,必须与非豆科作物轮作换茬,至少应隔3~4年才能回到原田地种植。

2. 田间管理 苗期进行浅中耕和除草 2～3 次,促进根系生长和固氮根瘤菌的繁殖,并可提高植株抗寒能力。播后如遇干旱,须及时浇水,促进出苗,出苗后应保持土壤较干,防止过湿烂根,并可促进根系深扎。开花结荚期对水分敏感,干旱要适当浇水,多雨要清沟排涝,保持土壤中等湿度,防止水分过多或干旱,引起落花落荚。营养管理上,在当地日平均气温降到 5℃ 左右时,沿种植行条施腐熟的有机肥,并结合培土,壅根防冻。春季返青后,或春播苗开始抽蔓时,追施速效肥稀粪水或氮素化肥,每 667 平方米施尿素 5～10 千克,促进茎叶生长。开始采收嫩荚后,需再施 1～2 次追肥,每 667 平方米施复合肥 10～20 千克,要求氮、磷、钾并重,防止偏施氮肥。始花期要及时拔除不符合本品种特征的混杂苗。当苗高 20 厘米左右时,用细竹竿、芦竹或细树枝等立"人"字架,每两行为一架,及时引蔓,保持蔓的分布均匀,改善通风透光条件。注意定期检查,防止倒伏。

3. 采收 一般多在开花后 7～10 天采摘嫩荚,具体掌握在嫩荚中种子开始形成,照光见有籽粒痕迹时采摘。

4. 食粒青豌豆与食荚青豌豆栽培技术上的差异 食粒青豌豆与食荚青豌豆的栽培技术基本相同,但有以下几点区别:①蔓生品种的株行距与食荚青豌豆蔓生品种一样,矮生品种种植密度则应增大一倍,即行距由 66 厘米改成 33 厘米左右,不需支架。②食粒青豌豆到豆粒充实时采收,比食荚青豌豆所需养分多,因此,开花结荚期应比食荚青豌豆多施 1～2 次追肥,并要施用复合肥,氮磷钾三要素并重,适当增施微量元素钼肥,更能增产。③食粒青豌豆采收期迟于食荚青豌豆,一般要在开花后 15～20 天采摘。过早采摘,豆粒太小,不宜食用;过迟采摘豆粒老化,品质变劣。

(四)病虫害防治

豌豆主要病害有白粉病、霜霉病,虫害有潜叶蝇和蚜虫。白粉病的防治,在叶片上出现多数白色粉霉状病斑时,用50%多菌灵或20%粉锈宁1000倍液喷雾防治2~3次。霜霉病和虫害的防治可参照莴苣进行。

第四节 绿叶菜类蔬菜设施栽培技术

一、莴 苣

(一)特征特性

1. 植物学特性 根为直根系,侧根发生很多,须根发达。茎为短缩茎,但在植株莲座叶形成后,茎伸长为笋状。茎的外表为绿色、绿白色、紫色等。茎的内部肉质,为绿色、绿白色。叶为根出叶,互生于短缩茎上。叶面光滑或皱缩,绿色、黄绿色或绿紫色。叶形有披针形、长椭圆形、长倒卵圆形等。叶用莴苣莲座叶形成后,心叶可结成圆球、扁球、圆锥等形状的叶球,叶缘波状、浅裂、锯齿形。种子小而细长,灰黑色或黄褐色,成熟后顶端有伞状冠毛,可随风飞散,采种应在飞散之前,以免损失。种子千粒重0.8~1.2克。

2. 对环境条件的要求

(1)温度 莴苣喜冷凉,忌高温,炎热季节生长不良。发芽的最适温度为15℃~20℃,幼苗期生长适温为12℃~20℃。成株期以白天15℃~20℃、夜间10℃~15℃最适宜生长。

(2)光照 莴苣种子是需光种子,适当的散射光可促进萌芽。茎用莴苣茎叶生长期需充足的光照才能使叶片肥厚,嫩茎粗大。叶用莴苣稍耐弱光。

（3）水分 莴苣为浅根性作物,不耐干旱,但水分过多且温度高时又易引起徒长。幼苗期应保持土壤湿润;发棵期应适时控制水分,进行蹲苗,使莲座叶得以充分发育;结球期或茎部肥大期水分要充足,但在结球和茎肥大的后期,又应适当控制水分。

（4）土壤与营养 栽培莴苣宜选用微酸性、排灌方便、有机质含量高、保水保肥的壤土或砂壤土。莴苣对土壤营养的要求较高,要求以氮肥为主,磷、钾肥也不可缺少。

（二）品种选择

莴苣按食用部分可分为茎用莴苣和叶用莴苣。茎用莴苣即莴笋,又可分为尖叶莴笋和圆叶莴笋。适于长江流域冬季栽培的常见莴笋品种有挂丝红莴笋、孝感莴笋、青香秀莴笋、夏脆莴笋、科兴3号莴笋、双尖莴笋、上海小尖叶、上海大尖叶等。叶用莴苣或称长叶莴苣,俗称生菜,也分为皱叶莴苣和结球莴苣。生菜生育期短,市场行情好,经济效益大。主要品种有大湖659、恺撒、奥林匹亚、罗马直立生菜、美国加州大速生、汉城散叶生菜、东方福星生菜、东方恺撒、卡勒思克结球生菜等。

（三）栽培技术

1. 莴笋

（1）播种育苗 长江流域春季大棚保温栽培,一般9月中旬至10月中旬播种,10月中旬至11月中旬定植,翌年2～3月份采收;大棚越冬栽培的特早莴笋,9月中下旬至10月上旬播种,苗龄25～30天,翌年1月中旬至2月中旬采收。

要培育壮苗,首先应选用品质优良的种子。良种出芽一致,幼苗生活力强,成苗率高,能获得高产,且可节约种子用量。其次适当稀播,以免幼苗拥挤,导致胚轴伸长和组织柔嫩。每 667 平方米需种量为 20~30 克,需苗床面积 6~8 平方米。苗床应以腐熟的堆肥和粪肥为基肥,并适当配合磷、钾肥料。幼苗生长拥挤时应匀苗 1~2 次,使幼苗生长健壮。真叶 4~5 片适时定植,以免幼苗过大、胚轴过长不易获得肥大的嫩茎。冬季栽培时苗龄约 40 天,以定植时幼苗不徒长为原则。由于冬季寒冷,以定植成活后越冬为好,且植株不宜过大,以免受冻害。

(2)整地定植　莴苣的根群不深,应选用肥沃和保水保肥力强的土壤栽培。栽植地块应深耕晒土,在翻耕时施入大量的厩肥、堆肥。根据地形和间套作物情况做宽 1.3~2.6 米的畦,冬季严寒可行沟植。莴苣幼苗柔嫩,定植时应多带土,以免损伤根系。定植适宜于阴天进行,定植后及时浇水,以利成活。

(3)定植后的管理

①温度管理　莴苣喜冷凉,忌高温,稍耐霜冻。缓苗后要适当降低棚温,加大通风量。幼苗的适宜生长温度为 12℃~20℃,茎叶生长时期适宜温度为 11℃~18℃,在夜温较低、昼夜温差较大的情况下,可增加养分的积累。

②湿度管理和追肥　莴苣的根对氧气的要求高,在有机质丰富、保水、保肥力强的黏质壤土或砂壤土上根系发展很快,有利水分、养分的吸收。一般莴苣定植成活后施肥 1 次,以利于根系和叶片生长。进入莲座期,茎开始膨大,及时追施重肥,以利于茎的膨大,但莴笋不耐浓厚的肥料,最大浓度不得超过一般粪肥的 50%。追肥不宜过晚,过晚易致茎部开裂。越冬的莴笋除在定植成活后追肥 1 次外,冬季不再追肥,

开春暖和后应及时追肥。

（4）采收　莴苣的采收标准是心叶与外叶平,俗称平口,一般在现蕾以前。这时茎部已充分肥大,品质脆嫩。如收获太晚,花茎伸长,纤维增多,肉质变硬甚至中空,品质降低;过早采收则影响产量。

2. 生菜　生菜冬季生产一般在 9 月下旬至 11 月份露地播种育苗,后期也可在大棚内播种育苗,苗龄约 40 天,11 月份至翌年 1 月份定植于大棚内,1～4 月份采收供应。其栽培技术与莴笋基本相同,其要点如下。

宜选有机质丰富、疏松保水的肥沃壤土或砂壤土栽培,采用当年新种子培育壮苗。幼苗 5 片真叶充分展开时定植。采用高畦栽培,株行距 35 厘米×40 厘米。定植前结合整地做畦,施用腐熟堆肥。定植后,前期结合浇水,分期追肥并行中耕,使土壤见干见湿,促进根系扩展及莲座叶生长。中、后期为使莲座叶保持不衰和球叶迅速抱合生长,形成紧实叶球,需不断均匀浇水。采收前停止供水,有利于收后贮运。以生食为主的叶用莴苣,无土栽培应是今后发展的方向。无土栽培生菜生长速度快,生长期短,定植后 25～40 天始收,商品性好,高产、优质、无公害,值得大力推广应用。

（四）病虫害防治

莴苣常发生的病虫害主要有灰霉病、霜霉病、蚜虫等。灰霉病的防治,可在发病初期用 58％甲霜灵·锰锌可湿性粉剂500 倍液,69％烯酰吗啉可湿性粉剂 1 000 倍液,72.2％霜霉威水剂 800 倍液喷雾防治。霜霉病的防治,可在发病初期用25％甲霜灵可湿性粉剂 1 000 倍液,72％克露可湿性粉剂 600倍液,64％杀毒矾可湿性粉剂 600 倍液喷雾防治。防治蚜虫时,除常用的农业措施外,喷洒 10％吡虫啉可湿性粉剂 1 500

倍液,2.5％功夫乳油 3 000～4 000 倍液,50％灭蚜松乳油
2 500倍液喷雾,效果较好。

二、芹　菜

(一)特征特性

芹菜的植物学特性和对环境条件的要求请参照第三章长
江流域冬季蔬菜露地栽培技术中芹菜栽培的相关内容。

(二)品种选择

根据芹菜叶柄的形态,分为中国芹菜和西洋芹菜两种类
型。中国芹菜又名本芹,依叶柄的颜色又可分为青芹和白芹。
叶柄较粗,香气浓,软化后品质较好,代表品种有津南实芹 2
号、四季白秆实心芹、白秀实心芹、正大脆芹、江苏药白芹菜、
沙市白秆芹菜、蒲芹等。西洋芹菜又名西芹,多为实心,味淡,
脆嫩,不及中国芹菜耐热。依叶柄的颜色又可分为青柄和黄
柄。抗逆性和抗病性强,成熟期晚,不易软化,代表品种有上
农玉芹、美国高犹他、圣洁白芹、红芹 1 号、意大利冬芹、改良
康奈尔西芹等。冬季种植芹菜需选用耐低温的品种。

(三)栽培技术

1. 播种育壮苗　冬季大棚栽培,其播种期一般在 7 月上
旬至 9 月上中旬播种育苗。播前 6～8 天,进行浸种催芽,用
凉水浸泡 24 小时,用清水漂洗几次,同时轻轻揉搓种子,然后
捞出种子用纱布或麻袋包好,放在冷凉的地方(15℃～18℃,
如空屋、地下室,或吊入水井中与水面保持 30 厘米距离)催
芽,每天用凉水淘洗种子 1 次,6～8 天种子露白出芽即可播
种。一般采用湿播法,先浇足底水,水渗下后覆上一层筛过的
细土,把催过芽的种子与一些细沙土一起混合均匀撒播。播
完立即盖一层细潮土,大约 0.3 厘米厚盖住种子即可。

当幼苗具有1～2片真叶时进行间苗1次,保持苗距3厘米左右,同时拔除苗床杂草。幼苗长至3～4片真叶、高5～6厘米时进行分苗1次。分苗床每10平方米施腐熟堆肥25千克、硫酸铵0.6千克、过磷酸钙1千克、氯化钾0.5千克。分苗应边起苗,边栽植,边浇水。冬季育苗时,分苗应在中午前后进行,用薄膜覆盖增温。分苗密度一般为5～6厘米见方。

2. 整地定植 冬芹苗龄40～60天,一般9月中旬至11月下旬定植,此时苗高12～20厘米,具4～7片叶。定植前每667平方米需施优质腐熟有机肥5 000千克左右、磷酸二铵15千克、硼砂1千克、硫酸钾8千克,将肥料与土壤充分拌和,耙平耙细。一般畦面宽80厘米左右,沟宽40厘米、深15～20厘米,每畦种植2行,株距25～30厘米,每667平方米种植8 000～10 000株。定植前1天将苗床浇透水,以利于起苗时多带土移栽。移栽时将大小苗分开移栽,随起苗随移栽。秧苗定植深度以不埋没生长点为宜,定植后应立即浇水。

3. 定植后的管理

(1)温度管理 芹菜要求冷凉湿润的气候,在长江流域可以安全越冬。芹菜要求在低温条件下通过春化阶段,长日照条件下通过光照阶段。在2℃～5℃时10～20天可以通过春化阶段。芹菜通过春化阶段,幼苗必须有一定的大小,一般中国芹菜4～5片叶、西洋芹菜7叶以上才能感受低温,完成春化阶段。越冬芹菜翌年抽薹开花。

(2)湿度管理和追肥 芹菜的叶面积虽不大,但栽植的密度大,总的蒸腾面积大,加上根系浅,吸收力弱,所以需要湿润的土壤和空气条件。特别是到营养生长期,地表布满了白色须根更需要充足的湿度,否则生长停滞,品质、产量降低。充足的肥水供应是芹菜优质高产的保证。定植后7～10天,可施 1 次 10％左右的稀薄粪水,或每 667 平方米用尿素 5 千克进行淋施,促幼苗形成良好的根系,恢复生长。以后每 667 平方米可用尿素 10 千克或 30％～40％的人粪尿水进行淋施 1～2 次,促进心叶生长。定植后 50～70 天生长速度最快,是形成产量的关键时期,应重施追肥,并适当配施一定量的磷、钾肥以充分满足芹菜生长的需要,每 667 平方米可用尿素 15 千克和复合肥 10 千克混合施用,以后每 667 平方米可用尿素 10 千克和复合肥 5 千克施用 1～2 次,全期共追肥 5～6 次。

4. 采收 一般 2～3 月份采收,每 667 平方米可产 3 000～3 500 千克。采收后可进行假植贮藏、冷藏或采用气调贮藏。

5. 芹菜小拱棚栽培简介 小拱棚芹菜是育苗移栽的春芹提早定植提早上市的栽培形式。1 月上旬至 2 月中下旬在电热温床中育苗,方法与大棚芹菜类似。40～60 天定植,定植后 20～40 天,可于早晚撤棚。栽培管理措施可参照大棚芹菜栽培进行。

(四)病虫害防治

芹菜的病虫害防治请参照第三章长江流域冬季蔬菜露地栽培技术中芹菜栽培的相关内容。

三、苋 菜

(一)特征特性

1. 植物学特性 苋菜别名米苋。在长江流域以南栽培较多,是主要的绿叶菜。苋菜茎肥大而质脆,分枝少,高 2～3 米。叶互生,全缘,先端尖或圆钝,有披针形、长卵形或卵圆形;叶面平滑或皱缩,有绿色、黄绿色、紫红色或绿色与紫红色镶嵌。穗状花序,花极小,顶生或腋生。种子极小,圆形,色黑而有光泽。

2. 对环境条件的要求　苋菜性喜温暖气候,耐热力强,不耐寒冷。生长适温 23℃～27℃,20℃以下生长缓慢,10℃以下种子发芽困难。苋菜是一种高温短日照作物,在高温和短日照条件下极易开花结实。苋菜不择土壤,但以偏碱性土壤生长较好。具有一定的抗旱能力,在排水不良的田块生长较差。

(二)品种选择

我国南方苋菜品种很多,依叶形可分为圆叶种和尖叶种。圆叶种,叶圆形,叶面皱缩,生长较慢,迟熟,产量较高,品质较好,抽薹开花较迟;尖叶种,叶披针形或长卵形,先端尖,生长较快,较早熟,产量较低,品质差,易抽薹开花。依照叶色的不同,可分为绿苋、红苋、彩色苋 3 个类型。

1. 绿苋　叶和叶柄为绿色或黄绿色。耐热性较强,食用时口感较红苋为硬。其代表品种如湖北的圆叶青、猪耳朵青苋菜、上海市郊区的白米苋、广州市郊区的柳叶苋、南京市郊区的木耳苋。

2. 红苋　叶片和叶柄均为紫红色。耐热性中等,食用时口感较绿苋为软糯。其代表品种如湖北的圆叶红苋和猪耳朵红苋、重庆市郊区的大红袍、广州市郊区的红苋、昆明市郊区的红苋菜等,其中重庆大红袍特耐旱。

3. 彩色苋　叶缘绿色,叶脉附近紫红色,早熟,耐寒性稍强,质地较绿苋为软糯,南方多于春季栽培。其代表品种有四川的蝴蝶苋、湖南的一点珠、上海的尖叶红米苋和广州的尖叶花红苋。

(三)栽培技术

1. 适时播种　苋菜从春到秋均可种植。春季播种抽薹迟，品质柔嫩；夏季播种易抽薹开花，品质粗老。长江流域播种期为3月下旬至8月上旬。利用塑料大棚、中棚中的茄果类、瓜类、豆类等蔬菜的早熟栽培间套作苋菜或大、中棚栽培，是早春棚栽蔬菜上市最早的品种之一，深受消费者欢迎。

栽培苋菜要选择地势平坦、排灌方便、杂草较少的地块，凡采收嫩叶和幼苗者都要采用撒播。播前将土地深耕15厘米，每667平方米施腐熟农家肥1 500千克作基肥，再耙平做畦，畦面要平而碎，然后播种。早春播种的苋菜因气温低出苗率差，应多播一些，每667平方米播种量1～2千克；晚春播种的每667平方米播种量2千克。秋季气温较高出苗快，只采收1～2次，每667平方米用种1千克已足。播种后用脚踏实镇压畦面。以采收嫩茎为主者要进行育苗移栽，株行距30厘米见方。也可在瓜、豆架下间作。

2. 水肥管理 早春播种的苋菜，由于气温较低，播种后7～12天出苗。晚秋播种只需3～5天。当幼苗有2片真叶时进行第一次追肥，12天以后进行第二次追肥。当第一次采收苋菜后，及时进行第三次追肥，以后每采收1次均施以氮肥为主的稀薄液肥。

春季栽培的苋菜一般不浇水，如天气较旱，以稀薄人粪尿追肥代替。秋季栽培的注意灌溉以利于生长。

苋菜播种量较大，出苗紧密，在采收前杂草不易生长。当采收后苗距加大、杂草生长较快时，要及时清除杂草，以免影响苋菜生长。

3. 采收 苋菜是一次播种、分次采收的叶菜。第一次采收为挑收，以后为割收。因此，第一次采收多与间苗相结合，要掌握收大留小，留苗均匀，以增加后期产量。

春播苋菜，播种后40～45天开始采收，共采2～3次。当株高 10 厘米、叶片 5～6 片时进行第一次采收,20～25 天后可采收第二次。第二次采收时用刀割上部茎叶,留基部 5～6 厘米,待侧枝萌发,再进行下一次采收。每 667 平方米可收 1 200～1 400 千克。

第六章 长江流域冬季蔬菜育苗技术

第一节 冬季蔬菜育苗特点

冬季蔬菜育苗是蔬菜栽培的重要环节,育苗的质量直接关系到设施蔬菜栽培的产量和上市期。长江流域1月份平均气温比世界上同纬度其他地区要低8℃～10℃,是同纬度最寒冷的地区,最冷月份的平均温度为2℃～7℃。在冬季,西伯利亚寒潮频繁南侵,经华北平原长驱直入,强大的寒潮到此地区以后,受到南岭和东南丘陵的阻挡,因而寒冷时间较长。长江中下游及其以北一带,日最低气温低于5℃的天数长达2个月,甚至近3个月的时间,冬季太阳辐射量远不如北方地区,日照时间短,日照率较低,东部日照率最高的地区不超过50%,西部更低,重庆1月份日照率只有9%,由于日照少,也增加了冬季阴冷的程度。另外,长江流域冬季的空气相对湿度较高,达73%～83%。正是由于长江流域冬季这样的气候条件,设施条件下的蔬菜育苗就显得十分重要了。

一、在生产上的意义

一是缩短在大田中的生育期,提高土地利用率,从而增加单位面积产量;二是提早成熟,增加早期产量,提高经济效益;三是节省用种,提高大田的保留率,有节支增收的效果;四是在人为创造的良好育苗环境条件下育苗,可防止自然灾害的威胁,提高秧苗质量,有利于防除病虫害;五是便于茬口安排和衔接，有利于周年集约化栽培的实现；六是在盐碱地种菜，应用育苗栽培可以在一定程度上克服出土晚、幼苗生长缓慢的问题；七是秧苗体积小，如加以保护，运输难度不大，可选择资源条件好、育苗成本低的地区异地育苗；八是高度集中的商品苗生产可以带动一些蔬菜产业和相关产业的发展，效益也显著增高；九是由于商品苗生产的发展，减轻菜农生产秧苗的负担及技术压力，促进蔬菜商品性生产的加速发展。

二、冬季蔬菜育苗的限制和要求

（一）要有一定的技术

冬季恶劣的气候导致幼苗生长困难，病害多，易死苗。生产经营者必须懂得一定的保温、管理、病虫害防治技术，才能保证秧苗高质量的供应，保证育苗的经济效益。

（二）必须有一定的投入

投入大小在很大程度上决定着育苗的效果，没有相当的人力、物力、资金的投入很难达到目的。育苗设施设备、床土配制、能源的消耗、种子及人工都是不可缺少的。

第二节　冬季蔬菜育苗管理

一、播种前准备及播种

冬季进行茄果类、瓜类蔬菜育苗时，在播种前 25～30 天建好棚，深耕坑土，施足基肥；然后肥与土混匀、锄细整平，开厢做畦。大棚床土可按 1～1.5 米开厢，播种前 5～7 天进行床土消毒，同时进行种子处理，浸种、催芽、播种。茄果类蔬菜于 10～11 月份播种，瓜类蔬菜于 2 月下旬至 3 月中旬播种，出苗后加强苗期管理。

蔬菜种子质量的优劣,不仅影响秧苗的生长,更重要的是影响蔬菜产品质量和产量,应用质量优良的种子,对丰产增收具有十分重要作用。优良的蔬菜种子应该具备以下条件:一是品种纯度要高;二是种子的发芽率高、发芽势强、生活力强;三是没有病虫害和机械损伤;四是清洁无杂质。

(一)浸种催芽

一般在早春温度较低的情况下栽培喜温蔬菜,或在夏季提前播种耐寒、半耐寒性的蔬菜,都要采取浸种催芽的方法,提高种子的发芽率,出苗整齐,使秧苗健壮生长发育,提早上市,增加产量和经济收入。

1. 浸种　浸种的重点是掌握适宜的水温和浸泡的时间。一般喜温的蔬菜种子可用 $16℃\sim25℃$ 的水温浸种,喜冷凉的蔬菜种子可用 $0℃\sim5℃$ 的水温浸种,菠菜、芹菜、莴苣等种子在 $25℃$ 以下浸种。十字花科蔬菜及瓜类蔬菜等种皮较薄,吸水较快,水温不宜过高,浸种时间不宜过长,一般 $5\sim12$ 小时;茄子、莴苣(包括莴笋)、芹菜等菊科种子可浸种 $25\sim40$ 小时;洋葱、韭菜、石刁柏、蕹菜(旱藤菜)等种皮较厚、吸水慢的蔬菜种子,可浸种 $50\sim60$ 小时;豆类种子蛋白质含量多,易溶解于水,浸泡时间不宜过长,一般不超过 $2\sim4$ 小时。茄果类蔬菜种子也可用 $50℃\sim55℃$ 的温水浸种 $10\sim15$ 分钟,边浸边搅动,然后自然冷却后再浸泡 24 小时。

浸种时,水质要清洁,装水的容器要卫生,防止异物异味污染影响发芽率;浸泡时间达 $5\sim10$ 小时的种子需再换 1 次水,水分也不宜过多,避免养分损失,防止种子腐烂。

2. 催芽　菜农在催芽方面积累了丰富的经验,办法很多。常见的有以下 4 种:一是在比较干燥的地上挖一个深窝,窝内用柴火烧热,然后将棕皮包好的种子置于窝中,密闭窝口,利用余热催芽;二是用箩筐装 33～50 厘米厚烫热的锯木屑或谷壳,上面放好种子后再加覆盖物,每日淋温水 2～3 次催芽;三是将种子放在锅内利用烧饭后的余热催芽;四是有设施条件的农技站,也可置于恒温的催芽箱内催芽。无论用哪种办法催芽,都必须正确掌握种子发芽所需要的适宜温度、湿度和空气的流通。一般喜欢较高温度的种子应维持 25℃～30℃,在这样的温度条件下,黄瓜 13 小时、番茄 36 小时、茄子和辣椒 72 小时、冬瓜和瓠瓜 48 小时即可发芽。菠菜、芹菜、莴苣等的催芽温度以 20℃ 左右为宜。在催芽过程中每日清洗翻动种子 1～2 次,有露白过半的种子出现时即可播种。

3. 低温处理和变温处理 低温处理种子可使种子发芽迅速而整齐,提高耐寒能力,提早成熟和增加产量。黄瓜萌动的种子经 5℃、72 小时低温处理,发芽快而整齐;莴笋(苣)、芹菜等种子在高温下不易出芽,夏季播种时将种子在冷水中浸泡 10 小时后再置于深水井中距水面 33～50 厘米处,或置于冰箱冷藏室中处理,约 72 小时即可出芽。

4. 化学药剂处理 用药剂处理种子,可以杀死附着在种子表面或潜伏在种子内部的病原菌,减轻苗期病害。一般常用药粉拌种和药水浸种处理。

(1)药粉拌种 这种方法既安全又简便。药粉用量一般为种子重量的 0.1%～0.5%。药粉必须与种子搅拌均匀,播种后遇水溶解发挥药效,起到杀菌消毒作用。如用种子重量0.3% 的 70% 敌克松粉剂拌种,或用种子重量 0.2% 的 50%二氯萘醌可湿性粉剂拌种,可防治茄果类和黄瓜等瓜类的立枯病。也可用种子重量 0.3%～0.4% 的氧化亚铜粉剂拌种,防治黄瓜的猝倒病。

(2)药水浸种 把种子浸入一定剂量的药水中保持一定时间,杀死种子的病原菌,达到灭菌消毒的效果。药水浓度过低或浸种时间太短,起不到消毒灭菌的作用。如果药水浓度过高,浸种时间太长,虽然消毒灭菌效果好,但很容易伤害种子,影响发芽率,因此严格掌握药剂浓度和浸种时间十分重要,一定要严格按操作程序进行处理。药剂浸种后,要立即用清水洗净,防止药害。如辣椒、番茄种子用清水浸种后,放入1%浓度硫酸铜溶液(即50克硫酸铜加水5升)中浸泡5~15分钟,取出种子清水洗净,可减轻真菌性病害;番茄种子浸泡后置于10%磷酸三钠水溶液中浸泡15分钟后用清水冲洗干净,可减轻花叶病毒病;番茄、茄子种子浸泡后,再浸入福尔马林(即40%甲醛)的100倍水溶液中15~20分钟,取出后再用湿纱布覆盖闷30分钟后用清水冲洗干净,可控制或减轻番茄早疫病、茄子褐纹病的危害;黄瓜种子浸入100倍福尔马林溶液中30分钟后取出用清水冲洗,可预防炭疽病和枯萎病的传播。

如无药剂,可采取温汤浸种处理的办法,也可起到杀死附着在种子表面或潜伏在种子内的病原菌的作用。对种子处理的水温高低和时间长短应根据各类蔬菜温汤浸种要求(表6-1),从严掌握,以防烫伤种子,影响发芽率。

表 6-1 冬季蔬菜育苗催芽所需温度和时间 (别之龙,2005)

蔬菜种类	浸种时间(小时)	适宜催芽温度(℃)	催芽天数(天)
番茄	6~8	25~28	3~4
辣椒(甜椒)	4~8	28~30	5~6
茄子	24~36	28~30	5~7
黄瓜	4~6	25~28	1~2

蔬菜种类	浸种时间(小时)	适宜催芽温度(℃)	催芽天数(天)
西　瓜	6～8	28～32	3～4
甜　瓜	4～6	28～30	1～2
苦　瓜	24～36	28～32	5～8
节　瓜	8～10	28～30	2～3
丝　瓜	12～24	28～30	4～5
冬　瓜	24～36	28～30	5～8
南　瓜	4～6	25～30	2～3

(二)播　种

1. 播种期的确定　蔬菜的种类和品种很多,不同种类、不同品种的种子对温度的要求又有所不同,种子发芽的快慢不同,幼苗生长速度不同,苗龄大小不同,各地的地理气候又有明显的差异,设施条件不同,市场需求状况不同,所以播种期也就不同。但是任何一种蔬菜播种期,都必须根据该种蔬菜的生物学特性和对外界环境条件的要求,选择适宜的栽培季节进行生产。也就是说每一种蔬菜在生产上,都要把主要生长期和主要产品器官形成期安排在温度最适宜的月份,才能获得优质的产品,达到丰产增收的目的。在气候适宜的条件下,一般白菜类、芥菜类、莴笋等育苗期约 30 天,甘蓝类(莲花白、花菜)约 60 天,葱蒜类 60～70 天。若气候不适宜该种蔬菜生长,其育苗期较长,如大棚冷床育苗,番茄 90～110 天,辣椒 110～120 天,茄子 120～130 天。低海拔地区播种育苗要早一些,高海拔地区播种育苗要晚一些。总之各地播种期不能一刀切,应根据菜类品种对温度条件的要求,市场的需求及各地的地理环境条件,把蔬菜生长和产品器官形成安排在最适宜的温度条件下,来确定播种期,才能获得显著的经济和社会效益。

2. 播种量 单位面积上播种的数量称为播种量。播种量的多少,决定于种子的大小、播种的密度、播种方式、种子质量(出芽百分率)。另外,土壤、气候、病虫害、育苗技术等条件的影响也很大。种子的发芽率往往比室内试验测得的发芽率低,而且发芽的不一定都能出苗,出苗的不一定都能成长为壮苗。在保证秧苗数量的前提下,应尽量以节约用种为原则。主要蔬菜保护地育苗每 667 平方米定植面积的用种量见表 6-2。

表 6-2　主要蔬菜保护地育苗每 667 平方米定植面积的用种量
(引自葛晓光《新编蔬菜育苗大全》,2003)

蔬菜种类	出苗期地温	用种量(克)	蔬菜种类	出苗期地温	用种量(克)
番　茄	适宜	20～30	中国南瓜	适宜	250～450
	低	30～60	西　瓜	适宜	50～160
辣　椒	适宜	80～110	甜　瓜	适宜	30～100
	低	130～220	结球甘蓝	适宜	20～50
茄　子	适宜	20～35	球茎甘蓝	适宜	25～40
	低	40～65	花椰菜	适宜	20～30
黄　瓜	低	200～250	青花菜	适宜	20～30
地冬瓜	适宜	55～100	大白菜	适宜	30～50
架冬瓜	适宜	170～280	芹　菜	适宜	150～250
西葫芦	适宜	250～450	莴　笋	适宜	15～25

3. 播种的实施

(1)播前准备　早春茄果类、瓜类蔬菜育苗时,在播种前15～20 天,深翻坑土使土壤疏松,减少病虫害。播前充分锄细整平开沟做畦,畦宽 1.3～1.5 米,长随播种量(需苗数量)或土地的长度而定。然后施基肥(基肥用量,因菜类及苗龄长短而不同)。豆类品种脂肪、蛋白质含量高,苗龄短,基肥用量宜淡而少;茄果类、葱蒜类、甘蓝类苗龄较长,基肥用量宜多,而且氮、磷、钾肥适量配施。一般每 667 平方米施腐熟人、畜粪肥 1500～2000 千克,过磷酸钙 25 千克,草木灰 100～150千克,尿素 5 千克。施后与苗土拌均匀,再锄细整平备播种。

如果采取护根育苗方式,播前 30～40 天配制好营养土。为防止病害,一般采用晒干过筛的细土 6～7 份,腐熟的堆肥3～4 份,加 1%～2% 草木灰、1% 的过磷酸钙,再加适量腐熟的人、畜粪水混合堆制,播前制作营养土块或装入纸钵、草钵、塑料营养钵、塑料穴盘内待播种。

(2)播种方法 多采用撒播和直接播入预先做好的营养钵或营养土块内。茄果类冷床育苗多采用撒播,待幼苗具2～3 片真叶以后再假植到营养钵中;也可将辣椒、茄子直播于营养土块或营养钵内,每穴 2～3 粒种子,待长出 2～3 片真叶后再匀苗或定苗;瓜类多采用直播于营养土块或营养钵内;甘蓝、花菜、莴笋、芹菜、葱类等夏季育苗的蔬菜多采用撒播育苗。

播种前,将苗床土充分锄细整平,用细土填塞孔隙后,将催芽的种子与草木灰或细沙土混匀撒播,撒播时要注意尽可能地使种子分布均匀,然后用洒水壶浇透底水后,覆盖 1 厘米厚无病虫的细土或湿润细土,在其上覆盖一层塑料地膜或薄膜保温保湿,有利于幼苗迅速出土。盖细土不宜过厚,过厚会阻碍幼苗出土;不宜过薄,过薄会影响种子脱壳,造成幼苗不能正常生长。当 70% 左右幼苗出土后,及时揭去地膜或薄膜,加强苗期管理,促进幼苗健壮生长。

二、苗期管理

塑料大棚、小拱棚靠太阳光照射增温,靠塑料薄膜覆盖保温进行越冬育苗,棚内温、湿度随外界气候变化而变化。不同蔬菜的幼苗对温度、湿度要求不同,同种蔬菜幼苗不同的生长阶段对温度、湿度的要求也不相同。育苗期,温度的高低,湿度的大小,不仅影响幼苗的生长,而且影响着苗期病害的发生情况,是育苗成功与失败的关键。因此,加强苗期管理尤为重要。

(一)间　苗

除采用营养钵、方块土点播育苗措施不需间苗外,撒播育苗必须间苗。当幼苗出土子叶平展到出现第一片真叶之前,陆续间苗,把过密的幼苗拔除。间苗时,留优去劣,把发芽缓慢、长势弱、畸形、不符合品种特征的杂株、病株拔掉,保留符合品种特征、生长健壮的秧苗。每次间苗后填压细干土,使保留下来的幼苗植株稳定直立,促进根系发育、幼苗生长。

(二)分　苗

在晴天气温较高条件下,把具有2~3片真叶的幼苗移栽1次,称为分苗,或称为移苗、假植。一般采用10厘米×10厘米(即3寸见方)行株距匀苗移栽,移栽后浇足腐熟清淡的人、畜粪水,然后用小拱棚覆盖保温使移栽幼苗迅速返青成活。也可用纸筒(钵)、塑料钵,装上营养土,再分苗移栽到纸筒或塑料钵的营养土上,然后将移栽苗钵均匀地摆在大棚育苗床土上,培育成壮苗。

(三)苗期温度管理

不同蔬菜的幼苗对温度的要求不同,同一种蔬菜幼苗在不同的生长阶段对温度的要求又不相同。因此,应根据不同蔬菜作物的不同生长阶段进行温度管理。蔬菜种子从播种至出苗,子叶展开阶段,要求有充足的水分,良好的通气条件,棚内维持25℃～30℃的温度,有利于幼苗出土、"脱帽"及子叶平展生长。当幼苗出土、子叶平展后,到真叶露心开始生长阶段,应控制水分,排除棚内湿气,适当降低棚内温度,防止幼苗徒长,促进根系和叶片生长,使幼苗靠种子贮藏养分生长向土壤中吸收养分而独立生长转移。晴天揭膜通风,降低棚内温度和湿度。一般番茄育苗白天温度维持20℃～22℃,夜间10℃～15℃;辣椒、茄子和黄瓜育苗白天温度22℃～25℃,夜间16℃～20℃为宜。当幼苗真叶显露到生长3～4片真叶时,茄果类蔬菜幼苗根、茎、叶齐备,进入叶原基形成、花芽分化、由营养生长开始向生殖生长过渡时期,恰是冬至到立春(隆冬)低温最冷的时期,应实行保温为主、防止冻害的管理。视茄果类蔬菜幼苗耐寒能力强弱(番茄较强,辣椒次之,茄子较弱)及晴天适当通风炼苗的情况,棚内白天气温维持在20℃～25℃,土温22℃～23℃;夜间棚内气温15℃～18℃,土温14℃～18℃,使幼苗健壮生长,安全越冬。立春后至定植前,幼苗有6～8片真叶、已现蕾时,春后气温回升较快,秧苗生长迅速,这段时期应以降温、排湿、炼苗、防止徒长为重点,随气温回升,逐渐加大通风量,逐渐延长通风时间,使秧苗逐渐适应露地气候条件,培育健壮秧苗。

(四)苗期湿度管理

无论是大棚或是小拱棚冷床育苗,棚内空气相对湿度和床土湿度以60%～70%为宜。如果湿度过大,棚膜内凝聚的水珠较多,甚至长时期在棚内循环,不利于幼苗生长,使其抗逆能力减弱,给苗期病虫害的发生创造了有利条件。因此,幼苗出土后至立春之前,应控制浇水,晴天适当通风排湿,降低棚内空气湿度和床土湿度,均控制在 60%～70%,减少苗期病害,培育健壮秧苗。

(五)苗期肥水管理

在施足基肥和底水的前提下,出苗后应加强苗期管理,严格控制肥水,降低湿度,以促进秧苗生长和安全越冬。立春后到定植前,气温逐渐回升,视秧苗生长状况、土壤肥力和气候情况,在加强通风炼苗、使秧苗逐渐适应露地气候条件下,于晴天中午适时、适量浇施清淡粪水,促进幼苗健壮生长,培育出适龄壮苗,为丰产增收奠定良好的生理基础。

(六)苗期病虫害防治

1. 苗期病害识别与发病条件

(1)立枯病 茄果类、瓜类、十字花科类、莴笋和芹菜等苗期受害重,主要危害时期是苗床幼苗期。苗茎基变褐,病部收缩细缢,茎叶萎蔫枯死,病苗直立而不倒伏,故称立枯病。该病是由立枯丝核菌侵染而引起的土传真菌病害。发病最适温度 17℃～28℃,高温高湿有利于病菌繁殖蔓延。此外,秧苗过密、阴雨天气、苗床湿度过大等环境条件往往加重该病的发生和蔓延。

(2)猝倒病 茄果类、瓜类、莴笋、芹菜、洋葱和甘蓝等苗期受害重,主要危害出土后真叶尚未展开时的幼苗。茎基部出现黄褐色水渍状病斑,发展到绕茎一周后变成黄褐色,干枯缢缩成线状,猝倒死亡。苗床湿度大时,在病部或其附近苗床上密生白色绵状菌丝。该病是由瓜果霉菌侵染所致。发病最适温 15℃～16℃,在低温高湿、幼苗拥挤、光照较弱等条件下幼苗生长缓慢,最易发病,严重时引起成片死苗。

(3)灰霉病 茄科、葫芦科及十字花科蔬菜幼苗均会受到侵染,蔬菜幼苗在子叶期最易感病。发病初期病斑呈水渍状,逐渐变为淡褐色至黄褐色,湿度高时叶片腐烂,表面产生灰色霉状物。该病由灰葡萄孢菌引起。发病最适温为 15℃ ～ 27℃,当农事操作(如浇水后或遇寒流后保护膜内不通风等)造成低温高湿结露时病害严重。

(4)黑根病 花椰菜、甘蓝苗期受害严重。病菌主要侵染植株根茎部,使病部变黑。有些植株感病部位缢缩,潮湿时可见其上有白色霉状物。植株染病后数天内即见叶萎蔫、干枯,继而造成整株死亡。定植后一般病情较轻的可停止发展,但个别田块可造成继续死苗。该病是由立枯丝核菌(无性阶段)侵染而引起。发病最适温度为 20℃ ～ 30℃。田间病害流行还与寄主抗性有关。如过高过低的土温、黏重而潮湿的土壤,均有利于病害发生。

(5)沤根 为育苗期常见病害。发生沤根时,根部不发新根和不定根,根皮发锈后腐烂。地上部萎蔫,且容易拔起。叶缘枯焦。幼苗沤根是生理病害。发病与气候条件关系极大,使幼苗呼吸作用受到障碍,吸水能力降低,造成沤根。沤根发生后及时松土,提高地温降低湿度,使其快长新根。

2. 苗期病害综合防治

(1)苗床土消毒 每平方米用 50％多菌灵可湿性粉剂 8～10 克与适量细土混匀,取 1/3 作垫土,2/3 作覆盖土。

(2)种子处理 采用温汤浸种或选用 50％消菌灵水溶性粉剂 1 克对水 1 升进行种子消毒,或用种子重量 0.3％～ 0.4％的 50％多菌灵可湿性粉剂拌种。

(3)苗床管理 调节好温、湿度,适时通风。防止播种过密、幼苗徒长。

(4)药剂防治 70％百德富可湿性粉剂 500～700 倍液, 15％恶霉灵水剂 300 倍液,72.2％普力克水剂 400 倍液,58％

雷多米尔可湿性粉剂 500 倍液苗床浇灌。灰霉病用 50％速克灵可湿性粉剂 1 000 倍液喷洒或熏烟消毒,效果较好。

3. 苗期害虫及其为害特点

(1)小地老虎　俗名土蚕、地蚕、切根虫。主要为害茄果类、瓜类、豆类、十字花科等春播(栽)蔬菜幼苗。幼虫灰黑色或黑褐色,体表粗糙,体长 37～47 毫米。幼虫将蔬菜幼苗近地面的茎部咬断,使整株死亡,造成缺苗断垄,严重时甚至毁种。

(2)蝼蛄　俗名土狗子、拉拉蛄。食性杂,能为害多种蔬菜和农作物幼苗。成虫体长 36～55 毫米,体肥大、黄褐色。成虫在土中咬食种子和幼苗,咬断幼苗嫩茎,或将根茎部咬成乱麻状,造成缺苗断垄。将土面串成许多隆起的隧道,使根与土分离成"吊根",使幼苗成片死亡。

(3)蛴螬　是金龟子幼虫,又叫白地蚕。为害多种蔬菜。老熟幼虫体长 35～45 毫米,全身多皱褶,静止时弯成 C 形。幼虫咬断幼苗根茎,造成缺苗断垄。还可蛀食块根块茎,使地上部生长势衰弱,降低产量和质量。

(4)金针虫　是叩头虫的幼虫,俗称黄蛐蜒、啃根虫等。为害多种蔬菜。幼虫长约 23 毫米,圆筒形,褐黄色、有光泽。幼虫蛀食种子和幼根,使蔬菜苗期干枯死亡。也可咬洞穿入茎内,蛀食茎心,造成植株死亡。

(5)蜗牛　为害甘蓝、花椰菜、萝卜、豆类、马铃薯等多种蔬菜。贝壳中等大小,呈圆球形,壳高 19 毫米、宽 21 毫米。以成贝和幼贝潜居在潮湿阴暗处,常在雨后爬出来为害蔬菜,取食作物茎、叶、幼苗,严重时造成缺苗断垄。

(6)蛞蝓　俗名鼻涕虫。为害多种蔬菜。成虫体长 20～25 毫米,体宽 4～6 毫米,长梭形,柔软、光滑无外壳,夜间活动最盛。受害植物被刮食,尤其为害蔬菜幼苗的生长点,使菜苗变成秃顶。受害部被排出的粪便污染,菌类易侵入,使菜叶腐烂。阴暗潮湿的环境易于大发生。

4. 苗期虫害综合防治

(1)农业防治　铲除田边杂草,深翻坑土,消灭越冬害虫,减少侵害。为减少蜗牛、蛞蝓的滋生,田边、地头可撒上生石灰粉。

(2)诱杀成虫　按糖、醋、酒、水比例为 3∶4∶1∶2,加少量敌百虫,将诱液盛于盆内,置于离地面 1 米左右的架上,每隔 4～5 米设盆一个。蜗牛、蛞蝓可用 10% 蜗牛敌(多聚乙醛)颗粒剂配制成含 2.5%～6% 的大豆、玉米粉饼撒于田间进行诱杀。

(3)药剂防治　将鲜嫩菜叶切成小块,与按诱杀成虫糖醋液比例配成的诱液混和均匀,傍晚撒在植株四周或苗床内进行诱杀。也可用 50% 辛硫磷乳油 800 倍液,20% 杀灭菊酯乳油 2 000 倍液,80% 敌敌畏乳油 1 000 倍液喷雾防治小地老虎、蝼蛄、蛴螬、金针虫。用 3% 灭旱螺或 8% 灭蜗灵颗粒剂或 10% 多聚乙醛颗粒剂,每 667 平方米施用 24 千克撒于田间防治蜗牛、蛞蝓。

(七)壮苗指标

1. 壮苗的植物生理指标　生理活性较强,植株新陈代谢正常,吸收能力和再生力强,细胞内糖分含量高,原生质的黏性较大,幼苗抗逆性特别是耐寒、耐热性较强。

2. 壮苗的植株形态特征　茎粗壮,节间较短,叶片较大而肥厚,叶色正常,根系发育良好,须根发达,植株生长整齐,无病苗等。这种秧苗定植后抗逆性较强,缓苗快,生长旺盛,为早熟、丰产打下良好的生理基础。

3. 徒长苗的主要特征 茎细、节间长,叶片薄、叶色淡、子叶甚至基部的叶片黄化或脱落,根系发育差、须根少,病苗多、抗逆性差,定植后缓苗慢,易引起落花落果,甚至影响蔬菜产品商品性和产量。

三、嫁接育苗技术

(一)蔬菜嫁接栽培的优点

1. 克服重茬障碍,减轻土传病害的发生 由于设施栽培逐年增加,蔬菜重茬问题日益突出,连作会造成土壤环境恶化,土壤中病虫害种类和数量逐茬增多。砧木品种具有较强的抗土传病虫害的能力,嫁接苗利用砧木品种的根部抗病能力,可以避免土传病害从根部对作物直接侵染,减少发病机会。如黑籽南瓜嫁接黄瓜、瓠瓜、西瓜等可防治瓜类的枯萎病等。

2. 提高肥水的利用率 由于砧木都选用根系发达、吸收肥水能力比栽培蔬菜强的野生或栽培品种,因此嫁接蔬菜的根系入土深,吸肥吸水能力强,从而提高了肥水的利用率。

3. 增强蔬菜的抗逆性,增产效果明显 嫁接后植株多表现为生长势强,对低温、干旱、潮湿、强光或弱光、盐碱或酸性土壤等的适应能力都高于未嫁接的植株,结果期较长,产量增加较为明显(一般可增产 20％以上)。在本不适合栽培的季节进行嫁接栽培时,产量可成倍增加。

4. 改善蔬菜的品质 只要选用合适的砧木,一般不会使产品的品质下降,一些作物反而能得到改善。如嫁接黄瓜果肉增厚,心室变小,苦味瓜比例降低;嫁接西瓜,瓜体显著增大,糖度也无明显下降。

(二)蔬菜嫁接方法

目前生产中嫁接栽培主要在瓜类和茄果类蔬菜上应用。瓜类蔬菜常用插接法、劈接法、靠接法等，番茄常用插接法、靠接法、劈接法、斜切法，其他茄科蔬菜常用劈接法、斜切法。

1. 插接法　可分顶(斜)插接、水平插接、腹插接、插皮法。顶插接即在砧木顶部(生长点)把接穗插进去，以达到嫁接目的。先用刀片削除砧木生长点，然后用竹签在砧木口斜戳深约 1 厘米的孔；取接穗，在子叶以下削长约 1 厘米的楔形面。将接穗插入砧木孔中即成。嫁接时砧木苗以真叶出现时为宜，接穗苗以子叶充分开展为宜。为使砧木与接穗适期相遇，砧木应提前 5～7 天播种，出苗后移入钵中，同时播种接穗，7～10 天后嫁接。

2. 劈接法(切接法)　去除砧木苗的生长点，将其主轴一侧(纵轴)用刀片自上而下劈 1～1.5 厘米深的劈口。再将接穗胚轴削成楔形，削面长 1～1.5 厘米。将接穗插入劈口，使砧木和接穗表面密接，用嫁接夹固定即可。砧木与接穗播种时间和方法与插接法相同。

3. 靠接法　砧木与接穗苗大小接近。削掉砧木生长点并在下胚轴靠近子叶处用刀片向下斜削，深及胚轴的 2/5～1/2；然后在接穗的相应部位向上斜削一刀，深及胚轴的1/2～2/3，长度与砧木所切相等；将二者切口嵌入，捆扎固定。接穗应比砧木提前播种 5～10 天。

(三)蔬菜嫁接应注意事项

1. 嫁接用具、秧苗要保持干净　嫁接用的刀片、夹子、竹签应洗净、消毒。秧苗要小心取放，谨防沾土，特别是切口部位如沾上泥土，应放入清水中漂洗干净。削好的接穗不要久放，否则容易萎蔫。

2. 动作要稳、准、快 无论采用哪种嫁接方法,削接穗、劈(插、切)砧木及穗、砧结合过程,动作要迅速、稳固、准确。避免重复下刀,否则会影响嫁接质量。

3. 及时遮荫防止秧苗萎蔫 在清晨、傍晚阳光较弱或阴天进行,不需遮荫。在晴天或直射光较强时进行,需事先遮荫。嫁接完毕即移入保湿防晒的拱棚内。

(四)断根嫁接技术

瓜类作物嫁接苗多采用顶插法嫁接,这一方法用于工厂化生产有诸多弊端,现介绍一种新的嫁接技术,即断根嫁接法。采用断根嫁接法所生产的种苗粗壮,生长整齐一致,而且定植后根系发达,深受农户欢迎。下面就以西瓜为例介绍这种新技术。

1. 砧木及接穗播种期 采用葫芦和西瓜作砧木,砧木应比接穗提前 2 天播种;采用南瓜作砧木,砧木应比接穗晚播 2 天;采用冬瓜作砧木,可比接穗提前 12 天左右播种。

2. 浸种和催芽

(1)砧木 砧木种子先晒 2～3 天,播前用 55℃～60℃的温水浸种消毒,浸种时要不断搅拌直至水温降到 30℃,自然冷却后用 2%漂白粉水溶液浸种 15 分钟,清洗干净后再用清水浸泡 16 小时以上,然后清洗 2～3 遍待播。

(2)接穗 播前用 55℃～60℃温水浸种消毒,方法同砧木。水温自然冷却后要清洗 2～3 次,浸泡 6～8 小时后再清洗 3～4 遍待播。

3. 播 种

(1)砧木 选用 45 厘米×45 厘米的育苗方盘进行播种。在盘中先铺 3～5 厘米厚的经过充分消毒的育苗专用基质,压实后播砧木种子,要求行距 5 厘米,株距 1.5～2 厘米,种子方向一致,播种 220～230 粒。再用消毒过的细沙覆盖 1.5 厘米左右厚,充分浇水后放在 28℃～30℃ 的催芽室中催芽,待苗子拱土时移到育苗温室。

(2)接穗 采用同样的方盘先铺 3～5 厘米厚的基质,西瓜种子撒播在上面,再用基质覆盖 2 厘米左右厚,浇水后放在 28℃～30℃ 的催芽室中。注意浇水不宜过多,否则影响种子发芽。发芽后要及时去壳见光,但光照不宜过强。

4. 嫁接前管理

(1)砧木 出苗前覆盖的沙子不宜干燥,待苗子出齐后要适时控水,总原则为早上浇水,傍晚见干。嫁接前要做好病虫害防治,一般情况下子叶平展期喷 1 次 75％百菌清 800 倍液,嫁接前 1 天喷 70％甲基托布津 800 倍液和 72％农用链霉素 4 000 倍液。

(2)接穗 西瓜在催芽室内发芽后要及时补光、喷水,齐苗时放到育苗温室见自然光。基质不宜过干,嫁接前喷 1 次 70％甲基托布津 1 000 倍液。

5. 嫁 接

(1)嫁接适期 砧木第一片真叶大小同五分钱硬币,西瓜子叶平展。

(2)准备工作 砧木在嫁接前一天抹芽,嫁接前 0.5～1 小时浇透水。西瓜苗嫁接时要喷水。扦插前,成活区内的苗床应做好消毒工作,并提前 1 小时预热。固定专人割取砧木和西瓜苗。

(3)嫁接方法 砧木从子叶下 5 厘米处平切断,西瓜苗可靠底部随意割下。嫁接时用专用嫁接签从砧木上部垂直子叶方向斜向下插入并取出嫁接签,深度为 0.5 厘米,以不露表皮为宜。西瓜苗在子叶下顺着茎秆方向正反两面各平切一刀,切口不宜太厚,在 0.5 厘米处再斜切一刀,迅速插入砧木。嫁接好后放在纸箱内保湿待扦插。

(4)扦插　选用普通育苗基质装入 72 孔育苗穴盘,浇透底水后扦插嫁接好的种苗,扦插深度 3 厘米左右。扦插后立即放入成活区的苗床内。

(5)嫁接要点　嫁接前 1 天确定嫁接人员、扦插人员、割苗及后勤人员;做好嫁接前准备工作,包括嫁接工具、毛巾、嫁接盘、消毒液以及嫁接标签。

6. 成活期管理

(1)温度　嫁接后 3 天温度要求较高,白天 26℃～28℃,晚上 22℃～24℃。温度高于 32℃时要通风降温,以后几天根据伤口愈合情况把温度适当降低 2℃～3℃。8～10 天后进入苗期正常管理。

(2)湿度　嫁接后前 2 天空气相对湿度要求 95% 以上,低湿时要喷雾增湿,注意叶面不可积水。随着通风时间加长,湿度逐渐降低到 85% 左右。7 天后根据愈合情况接近正常苗湿度管理。

(3)光照　嫁接后 2 天要遮光,以后几天早晚见自然光,在管理中视情况逐渐加长见光时间,可允许轻度萎蔫。8～10 天后可完全去除遮阳网。

(4)通风　一般情况下嫁接后 2 天内育苗室要密闭不通风,只有温度高于 32℃时方可通风。嫁接后第三天开始通风,先是早晚少量通风,以后逐渐加大通风量和加长通风时间,给萎蔫苗盖膜前要喷水。8～10 天后进入苗期正常管理。

7. 成活后管理

(1)肥水管理　成活后要适时控水,有利于促进根系发育。一般情况下先浇 1 次清水后,再施含量分别为 15%、0、

15％和20％、10％、20％的氮、磷、钾肥料,稀释浓度在50～120毫升/千克,两者交替使用。

(2)及时去萌蘖 砧木在高温和高湿环境下萌蘖生长很快,影响西瓜苗的正常生长,所以成活后应及时去除。

(3)炼苗 定植前5～7天要降低温度2℃～3℃,并且要控肥水。

(4)病虫害防治 嫁接后病虫害防治很重要,要定期合理喷药。苗期虫害主要有蚜虫、蓟马、潜叶蝇、菜青虫等,可选用1％海正灭虫灵3 000倍液、90％万灵1 500～2 500倍液、50％潜克5 000倍液防治。病害主要有猝倒病、疫病、炭疽病、白粉病、叶斑病、霜霉病等,可选择70％甲基托布津800倍液、70％代森锰锌800倍液、75％百菌清600～800倍液、25％甲霜灵1 500倍液、64％杀毒矾600～800倍液、30％特富灵3 000～5 000倍液、10％世高2 500～3 000倍液、72％农用链霉素4 000～5 000倍液防治。杀虫杀菌剂交替轮换使用,每7～10天喷雾1次,防治效果很好。

四、茄果类蔬菜育苗技术

早春棚栽茄果类蔬菜(茄子、辣椒、番茄)经济效益高,技术难度较大,特别是茄果类蔬菜育苗时间长(达3～4个月),技术要求高,一般菜农不易掌握好,往往容易造成死苗现象。现将其育苗技术介绍如下。

(一)种子处理

1. 浸种 先用55℃的热水浸泡3分钟,在热水里要不断搅动,然后用清水洗净,再用清水浸泡5～7小时,用纱布过滤。过滤后的种子可以直接播种,也可催芽后播种。

2. 催芽 将种子加上少量干净河沙,干湿度以不成团、疏松能透气为宜,将其铺于盆内,厚度不能超过 3 厘米。再在上面盖上薄膜,以便保湿。气温 20℃左右,一般经过 4 天左右就可出芽,出芽以露白为准,即可播种。

(二)苗床整理

选用前作未种过茄果类蔬菜的田块作为苗床地。把泥土整细,开好边沟,1 米开厢,厢沟深 20 厘米,厢面上细土层不低于 3 厘米,浇透底水。

(三)播 种

将浸过(或经过催芽)的种子均匀撒在厢面上,再用 800 倍液的多菌灵液和 1 000 倍液的辛硫磷液喷洒 1 次,上面盖一层细土,以不见种子为宜,然后在上面平铺一层地膜,盖上小棚。4~5 天苗子破土后便可揭去平铺的地膜。白天有太阳时可把小棚两头打开进行通风。

(四)假 植

播后 25~30 天可进行假植。假植可分商品苗和自留苗两种。

1. 商品苗 先用筛好的细土在 1 米宽的厢面上铺成 4 厘米厚,以株行距 4 厘米×6 厘米进行假植(辣椒假植每窝应栽 2 个苗)。栽好后用少量的水(10~15 毫升/株)作为定根水,定根水可用 500~800 倍液的多菌灵溶液,用茶杯进行浇水,不能太多,以防土壤过湿对秧苗越冬不利。然后盖上小棚,一般经过 10 天左右,就可进行通风炼苗。

2. 自留苗 可用营养杯育苗和方格育苗法。营养杯育苗可选用 9 厘米或 10 厘米规格的营养杯,营养土应选用较肥、无菌的细土加上腐熟有机渣肥,筛细后按 10:1 的土肥混匀。如较干可加水,做到土壤握能成团、摔到地上能散就可进行装杯。然后就可移植小苗。定根水用多菌灵溶液(500~

800 倍液)代替。栽好苗的营养杯排成 1 米宽,盖上地膜,引出苗子。也可先盖好地膜后再栽苗子。栽好一厢后就可盖上小棚。遇到有太阳或有风的天气应边栽边盖,防止苗子被太阳晒干或被风吹干。

方格育苗与营养杯育苗法相同。先做好厢,用木板抹好泥浆,划成 10 厘米的方格。晾干后盖上地膜,按株行距 10 厘米×10 厘米栽好小苗,用 500~800 倍液的多菌灵作定根水。然后盖好小棚,经过 10 天左右,当苗子生根后就可进行通风炼苗。

(五)越冬管理

1. 通风　一般在 11 月 25~30 日,都应加盖大棚进行保苗。保苗应根据苗子的长势和气温的高低进行通风炼苗。一般苗子长势好、气温高时就应加大通风和炼苗时间;反之就可减少通风时间,但不能长期不通风。通风标准:前期小棚温度在 20℃以上时,就应揭开小棚打开大棚两头,大棚两头应挂上 0.8 米高的薄膜,以防冷风吹坏两头苗子。炼苗时应做到阴天通风时间短一些,晴天通风时间长一些,雨天不通风。

2. 保苗　在进入 1 月份就开始保苗(即保温),此时应视炼苗的好坏而决定其抗寒能力,炼苗好的则抗寒性好。一般应保证大棚内小棚里的温度不得长期低于 5℃,在这一期间,天气较好时,也要进行通风炼苗。这段时间是育苗的关键时期,温度过低、长时间冷冻就可能冻坏叶片,甚至导致幼苗死亡,所以要尽量控制棚内的湿度不能过大。有太阳的时候就进行通风;或把里面水多的小棚膜换掉;或在露水干后用草木灰撒在苗床上,然后用竹片把沾在叶片上的灰摇下,这样也能起到降低湿度的作用。

(六)苗期病虫害防治

从苗长出第一片真叶起,就应开始防病治虫。防病药物可选择百菌清、可杀得、托布津,杀虫剂可选择吡虫啉、虫螨克、敌敌畏。可以把杀虫的和治病的药混用,每隔8～10天用1次,每次用药都可加磷酸二氢钾30克对12.5升水。喷药时应注意在露水干后、温度不高于30℃时进行。另外,还可用绿亨一号5克对水50升洒在苗床上,能防治苗期猝倒病、立枯病等真菌引起的病害。应该注意的是:药要交替使用,均匀周到,晴天无风时喷药。以上杀虫和治病的药必须交替使用,否则易产生抗药性。

五、瓜类蔬菜育苗技术

早春育苗期间温度低、阴雨时间长、光照少、湿度大,往往会造成出苗率和成苗率低、幼苗徒长、苗床病害多等现象,给早熟瓜类蔬菜生产造成一定的影响。早春要育成优质壮苗,应该注意以下几个问题。

(一)品种选择及播种期确定

根据市场需求,选择低温弱光条件下生长快、能正常膨大成熟、品质优的早熟品种。早春瓜类促成栽培一般1～2月份播种,苗期40～45天。特早熟栽培,采用保温好的设施如3棚2膜(即大棚＋中棚＋小棚＋无纺布或遮阳网＋地膜),2月中下旬至翌年1月上旬播种,2月中旬定植,一般在4月底前后即可上市。早熟栽培,采用大棚＋小棚＋无纺布或遮阳网＋地膜,1月中旬至2月中旬播种,2月下旬至3月下旬定植,一般5月中旬前上市。

(二)营养土配制

营养土需提前1个月以上堆制,可就地取材。一般要求播种床含有机质较多;分苗床含土较多,并有适当的黏性,移苗时不易散坨。播种床可用园土 6 份与腐熟厩肥或堆肥、腐熟猪粪 4 份相配合;分苗床则是园土 7 份,粪肥 3 份。有条件的,可每 1 立方米营养土中另加入腐熟的鸡粪 15~25 千克、过磷酸钙 1~1.5 千克、草木灰 5~10 千克,充分拌匀。播种床铺 10 厘米厚、分苗床铺 10~12 厘米厚营养土。营养土中的园土,要求用病菌少、含盐碱量低的水田土或塘土。土质黏重的可掺沙或细炉灰,土质过于疏松的可增加黏土。施用的有机肥必须事先充分腐熟,最好在夏季开始堆沤,把肥料捣细过筛(园土也应过筛),然后按比例配好,用薄膜覆盖堆置半个月以上,用 50% 多菌灵 600 倍液或 1% 福尔马林液消毒,然后翻匀、晾干过筛备用。营养土人工配制有困难时,可就地将表土过筛后,每平方米施入 25~30 千克优质有机肥,拌匀耙平后备用。

(三)种子处理与催芽

1. 种子选择 要选择合适的瓜类品种,同时要检查种子的成熟度、饱满度、色泽、清洁度、病虫害和机械损伤程度、发芽势及发芽率等各项指标。

2. 种子处理

(1)**药剂处理** 有药粉拌种和药水浸种两种方法。

①**药粉拌种** 清水浸种后,用种子量 0.3% 的杀虫剂或杀菌剂与种子充分拌匀即可。也可与干种子直接混合拌匀。常用的杀菌剂有甲霜灵、多菌灵、福美双、退菌特等,杀虫剂有敌百虫粉等。

②**药水浸种** 种子先在清水中浸泡,然后浸入药水中,按规定时间消毒。一般可用 40% 福尔马林 100 倍液浸种 30 分钟。防真菌性病害,用 50% 多菌灵 500 倍液浸种 1 小时,或

用 72.2％普力克水剂 800 倍液浸种 0.5 小时,或用 50％代森铵 500 倍溶液浸种 1 小时,或用咪唑盐酸 500 倍液浸种 1～2 小时。防黄瓜枯萎病,可将种子放在 2％～3％漂白粉溶液中浸泡 30～60 分钟。防细菌性病害,可用 100 万单位的硫酸链霉素 500 倍液浸种 2 小时。防病毒病,可用 10％磷酸三钠浸种 20 分钟。药剂浸种后均需用清水洗净再催芽或播种。

(2)热水处理 有温汤浸种和热水烫种两种方法。

①温汤浸种 将种子放入瓦盆内,缓缓倒入 50℃～55℃温水(2 份开水对 1 份凉水),边倒边搅拌,加水量为种子量的 5～6 倍,持续 10～15 分钟,水温降到 30℃才停止搅拌,继续浸种。这种方法有一定的消毒作用,瓜类、茄果类都可应用。

②热水烫种 先用凉水刚好浸没种子,再用 80℃～90℃热水边倒边搅动,水温到 55℃时停止搅拌并保持这样的水温 7～8 分钟,而后进行浸种。热水量不可超过种子量的 5 倍。此法对种皮厚的冬瓜、茄子、黄瓜等种子适用。热水烫种有杀菌作用,可缩短浸种时间,但应注意防止烫伤种子。种子要充分干燥,因种子含水量越少,越能忍受高温刺激。

3. 浸种催芽

(1)浸种 可用干净的塑料盆浸种,不要用金属或带油污的容器。对于种皮易发黏或未经发酵洗净的种子,如黄瓜、瓠瓜、南瓜等种子可先用 0.2％～0.4％碱液清洗,并用温水冲洗干净。温水浸种时水温 28℃,浸种时间不宜过长,以种子充分吸水为原则。浸种结束后,捞出装包,甩掉水分,然后催芽。

(2)催芽 将毛巾用清水浸湿,拧到不流水的程度,将欲催芽的种子摊到毛巾上,厚度不超过 1.7 厘米。再用同样的湿毛巾盖在种子上,以保持湿度,放在催芽室内。对催芽温度的掌握,开始要稍低,以后逐渐升温,胚根将要突破种皮时再降低温度,促使胚根粗壮。种子每4～5小时翻动1次,以便换气,并使种子换位,使温度均匀。对发芽期长的种子,每天需用温水淘洗1次,洗掉黏液,以免发霉。75%左右的种子破嘴或露根时,停止催芽,等待播种。有些蔬菜种子如无籽西瓜、丝瓜、苦瓜等因种壳厚硬,不易发芽,在浸种前夹破种壳,能提高种子的发芽率和使种子发芽整齐。

4. 种子的锻炼 为了增强瓜类秧苗的抗寒能力,促进幼苗的生长发育,萌动的种子可进行低温或变温锻炼。低温锻炼是把萌动的种子置于0℃左右的低温下1～2天,然后再置于适温中催芽。变温锻炼是用高、低温交替处理,把萌动的种子先置于−2℃～0℃温度条件下12～18小时,再放到18℃～22℃温度条件下12～16小时,按各品种锻炼天数的要求,直到催芽结束。在锻炼过程中注意发芽种子的包布要保持湿润,以免种子脱水干燥。把种子包从低温拿到高温处,要待包布解冻后才可打开检视种子,不要触摸种子。

(四)苗床建造与播种

大棚黄瓜、瓠瓜、西瓜、甜瓜要在4月份开始采收,必须用1月下旬有3～4片真叶的大苗在大棚内定植。1月份平均最低温度3.5℃～4℃,同时阴雨天气多、光照少等,而黄瓜、瓠瓜、西瓜、甜瓜是要求温度高的作物,种子发芽适宜温度25℃～30℃,20℃以下温度,种子发芽出苗不整齐。幼苗期生长适宜温度,白天25℃,晚间16℃～18℃,要培育成3～4片真叶的大苗,目前只有采用电热加温育苗,才能满足种子从发芽出苗到幼苗生长所需要温度条件。电热温床的建造方法请参照第四章的相关内容进行。

经催芽的种子,芽长约0.5厘米,即"露白"就可播种。播种前一天浇透水,以保证出苗有足够水分,因为出苗前不能再浇水。播种时种子平放,胚根朝下。早春播种,覆土的厚度很关键。若覆土过厚,则不易出苗;若覆土过浅,则出苗容易戴帽。一般覆土约为种子厚度的 2 倍即可。另外,播种后营养土的含水量掌握在田间最大持水量的 80%左右较为适宜。播种完毕,应选用干净、透光性好的薄膜覆盖,以提高温度。播种应尽量选在晴天上午进行。育苗床上架小拱棚,再盖上薄膜和无纺布(或草片)保温,控温 26℃～28℃,在出苗前不要揭盖。

幼苗真叶展露后,如遇 3 天以上连阴雨天时,就要进行人工补光。具体方法是用 100 瓦白炽灯,间距为 3 米,离地高度80 厘米,每天 8～16 时开灯补光。

(五)苗期管理

播种后要勤检查,发现胚芽开始露土就要及时将地膜等覆盖物揭去,使之见光,并保持原来温度,不要浇水(冬季浇冷水会严重影响出苗)。如发现种子露出土面,可撒湿的培养土盖没,一般 1～2 天就可整齐出苗。如苗有戴帽要及时喷细水软化种壳,并人工辅助脱壳。

1. 温度管理 地加温线要分床控制,严格按照"二高二低"的原则管理苗床。出苗前温度适当偏高,白天 28℃～30℃(最低不低于 22℃),夜间 18℃～25℃。当 30%～40%的苗出土后及时揭去地膜。出苗后适当降温,以防出现高脚苗,白天 25℃左右,夜间 15℃～18℃。第一片真叶展开后要适当增温,以促进生长。在大、中棚双层覆盖的晴天,9 时即可达到 20℃,11～14 时会达到 30℃以上。如不及时通风,会使幼苗的下胚轴徒长而造成高脚苗。

2. 湿度及肥水管理 由于地热电加温线的使用,常会造成棚内苗床空气湿度过大。湿度过大,温度高时幼苗易徒长,温度低时会引起幼苗猝倒病的发生。为防止棚内湿度过大,可采用以下几种方法:一是用地膜覆盖棚内裸露的表土(如田埂),以减少水分蒸发;二是适当控制水分,不使床土过湿;三是及时通风降湿,即使在雨雪天气,也要在中午时分通风2~3小时;四是在白天及时晾干(或晒干)小拱棚上的一层无纺布,使其在晚上覆盖时吸收苗床上多余的水分;五是可在棚内布置一些空气电加温线以降低棚内湿度。出苗后至第一片真叶展开前不浇水,之后视营养土墒情适当浇水,土不发白不浇,要浇就浇透,宜在中午浇温水。棚内应在保证气温情况下尽量通风,降低棚内湿度,防止病害发生。如久雨初晴,棚内气温升高快,地温相对较低,瓜苗会发生生理性缺水,叶片凋萎,此时应采用叶面喷雾补充水分,并适当回帘遮荫,揭膜通风降温,缓解萎蔫,恢复正常。育苗期一般无需追肥,如移栽前瓜苗纤弱,可用 0.2% 尿素和 0.3% 磷酸二氢钾液进行根外追肥。

3. 光照管理 棚内覆盖物要勤揭勤盖,温度高的天气要提前揭、延迟盖,尽可能增加通风、光照时间,增强秧苗抗性。即使遇到连续大雪、低温等恶劣天气,也要利用中午温度相对较高时见光,不能一直遮荫覆盖,同时根据光照强弱进行人工补光。幼苗生长中容易出现"闪苗"现象,即当育苗期遇连续3~4 天阴雨(雪)天气后,幼苗生长纤弱,根系活力降低,此时突遇晴好天气,会造成幼苗大片萎蔫,甚至死亡。因此,遇到连阴骤晴天气时,必须用无纺布或遮阳网遮住强光,使幼苗逐渐接受弱光,以适应强光,恢复生长。

4. 分苗 出苗后待子叶展开即应及时分批移苗。移苗应选冷尾暖头的晴天气温较高时进行,移苗后及时浇温水,随即搭小拱棚,保温保湿 3～4 天,促新根发生。

5. 病虫害防治　早春育苗因苗床温度低、湿度大,易发生猝倒病、立枯病等,除尽量降低棚内湿度外,可用 80％大生 800 倍液或 72.2％普力克水剂 400 倍液或绿亨二号 800 倍液喷雾 1 次;如连续低温弱光阴雨天气不能喷药,可用一熏灵熏蒸,每标准棚用 4 颗,小拱棚内禁止使用此药,以防药害。用 10％吡虫啉可湿性粉剂 1 500～2 000 倍液或 1％灭虫灵(杀虫素)乳油 2 500～3 000 倍液防治蚜虫,定植前喷 1 次 50％多菌灵 600 倍液带药下田。

(六)炼　苗

定植前 10～15 天,苗床白天大敞大晾,夜间逐渐减少覆盖直到不盖。定植前 4～8 天昼夜温差大,使幼苗接受夜间低温、干燥和通风的锻炼,以提高幼苗的抗逆性。对于有徒长现象的幼苗,可以喷施叶面肥来改善幼苗的营养状况,一般喷施 0.2％～0.3％磷酸二氢钾和尿素溶液。炼苗时应注意防雨,加强温暖之夜的通风降温。但要注意炼苗不可过度,以防止僵化老苗或形成花打顶的畸形苗。

由于不同种类瓜的生长发育特点及对环境要求不同,适宜的苗龄要求也不同。如黄瓜生长发育快,根系木栓化也快,一般采用 3 叶 1 心、30 天苗龄露地定植较适宜;而保护地栽培为了提早成熟,往往采用 4 叶 1 心、40 天苗龄的壮苗。

主要参考文献

[1] 李世奎.中国农业气候资源和农业气候区划.北京:科学出版社,1988

[2] 姜彤,苏布达,王艳君,等.四十年来长江流域气温、降水与径流变化趋势.气候变化研究进展,2005,1(2):65

[3] 丁斌,顾显跃,缪启龙.长江流域近50年来的气温变化特征.长江流域资源与环境,2006(7):531-536

[4] 查良松.我国太阳辐射量区域性变化特征研究.地理研究,1996(15):21-27

[5] 吴国兴,王耀林,沈善铜,等."九五"期间长江流域及其以南地区保护地蔬菜生产的建议.中国农技推广,1996(4):24-25

[6] 马晓骅.冬暖大棚蔬菜茬口安排.安徽科技,2000(7):31

[7] 张振贤.蔬菜栽培学.北京:中国农业大学出版社,2003

[8] 山东农业大学.蔬菜栽培学总论.北京:中国农业出版社,2000

[9] 丁超.棚室结构与蔬菜茬口安排.南京:江苏科学技术出版社,1999

[10] 李式军.蔬菜生产的茬口安排.北京:中国农业出版社,1998

[11] 山东农业大学.蔬菜栽培学各论(北方本).北京:中国农业出版社,1992

[12] 张清华.蔬菜栽培:北方本.北京:中国农业出版

社,2001

[13] 王久兴.蔬菜病虫害诊治原色图谱·根菜类分册.北京:科学技术文献出版社,2005

[14] 宋元林.白菜类、甘蓝类、根菜类蔬菜病虫害彩色图谱.北京:中国农业出版社,2001

[15] 徐家炳.白菜、甘蓝、花菜、芥菜类特菜栽培.北京:中国农业出版社,2003

[16] 朱林耀,宋朝阳,易建平.洪山菜薹"三高三省"关键栽培技术.长江蔬菜,2007(1):14-15

[17] 房德纯.葱蒜类蔬菜病虫害诊治.北京:中国农业出版社,2002

[18] 李修燕.出口秋菠菜高效栽培技术.中国蔬菜,2001(4):46

[19] 曹顶华,徐邦君.大叶菠菜优质高产栽培技术.上海蔬菜,2004(6):28

[20] 刘宗立,应芳卿,高顺旗.大葱优质高产栽培技术.安徽农学通报,2006,12(8):81

[21] 谢长兰,徐为领.大葱制种高产栽培技术.长江蔬菜,2005(7):20

[22] 蓝海滨,蓝和阳.日本大葱丰产优质栽培技术.中国蔬菜,2002(1):45

[23] 倪宏正,侯喜林.大蒜(蒜薹、蒜头)无公害栽培技术.中国蔬菜,2006(1):48-49

[24] 高柏群.包心芥菜高产栽培技术.上海蔬菜,2004(3):34

[25] 何朝霞,邓云英.日本高菜(叶芥菜)无公害高产栽培技术.中国蔬菜,2004(6):51-52

[26] 童恩莲．叶菜型芥菜雪里蕻栽培技术．安徽农学通报,2004,10(4):60

[27] 黄妙贞,叶炳华．叶用芥菜栽培技术．上海蔬菜,2005(6):44-45

[28] 戴忠仁,刘红．长日洋葱栽培技术．北方园艺,2006(4):85-86

[29] 张福墁．设施园艺学．北京:中国农业大学出版社,2001

[30] 李式军．设施园艺学．北京:中国农业出版社,2002

[31] 别之龙．园艺设施类型与覆盖材料的选择．长江蔬菜,2005(1):54-56

[32] 别之龙．冬春季设施蔬菜栽培环境调控技术．长江蔬菜,2005(10):52-53

[33] 别之龙．长江流域茄果类蔬菜春季设施栽培技术．长江蔬菜,2005(3):45-47

[34] 房德纯．茄果类蔬菜病虫害防治彩色图说．北京:中国农业出版社,2001

[35] 别之龙,徐跃进．瓜类蔬菜春季设施栽培技术．长江蔬菜,2005(4):50-52

[36] 别之龙,汪李平．长江流域西瓜甜瓜蔬菜春季设施栽培技术．长江蔬菜,2005(5):46-48

[37] 王培伦．豆类、薯芋类蔬菜保护地栽培技术．济南:山东科学技术出版社,2003

[38] 汪炳良．南方大棚蔬菜生产技术大全．北京:中国农业出版社,2000

[39] 贾春森．南方中小棚108种蔬菜生产技术．北

京:中国农业出版社,2001

[40] 吴国兴.菜豆、豇豆、荷兰豆保护地栽培.北京:金盾出版社,2002

[41] 李涛.大棚蔬菜栽培技术.上海蔬菜,2006(1):22-24

[42] 毕宏文.豆类蔬菜的种类及其特性.黑龙江农业科学,1999(3):49-50

[43] 刘美红,王利宾,刘菊凤,等.瓜类蔬菜春早熟无公害栽培主要病害综合防治技术.山东蔬菜,2005(1):39-40

[44] 汪兴汉.南方蔬菜设施现状及其前景对策.长江蔬菜,2000(12):1-5

[45] 毛虎根,庞雄,孙玉英,等.早春豆类蔬菜高效栽培技术.上海蔬菜,2005(5):47

[46] 林锦英,谢伟平.南方特色瓜类蔬菜种植技术节瓜栽培技术(一).西南园艺,2004,2(32):48-50

[47] 林锦英,谢伟平.南方特色瓜类蔬菜种植技术节瓜栽培技术(二).西南园艺,2004,3(32):52-54

[48] 葛晓光.蔬菜育苗大全.北京:中国农业出版社,1994

[49] 葛晓光.新编蔬菜育苗大全.北京:中国农业出版社,2003

[50] 张希军.温室大棚蔬菜优质高效栽培.北京:专利文献出版社,2001

[51] 张建.悬梁吊柱空心大棚的建造.山东农机化,1998(8):9

[52] 贾春森,陈重明.南方塑棚蔬菜生产技术.北京:中国农业出版社,2000

〔53〕 苏崇森．现代实用蔬菜生产新技术．北京：中国农业出版社，2002

〔54〕 宋元林．现代蔬菜育苗．北京：中国农业科技出版社，1988

〔55〕 高丽红，李良俊．蔬菜设施育苗技术问答．北京：中国农业大学出版社，1998

〔56〕 王秀峰，魏珉，崔秀敏．保护地蔬菜育苗技术．济南：山东科学技术出版社，2002

〔57〕 王光亮，张迪．茄果类蔬菜工厂化育苗技术．种子，2004，10(23)：94-95

〔58〕 吕家龙．蔬菜栽培学各论（南方本第三版）．北京：中国农业出版社，2003

〔59〕 韩素梅．日光温室菜豆高秧低产的原因分析及解决措施．中国果菜，2005(1)：11-12

〔60〕 贾春森．南方塑棚蔬菜生产技术．北京：中国农业出版社，1999

〔61〕 苏崇森．现代实用蔬菜生产新技术．北京：中国农业出版社，2003

〔62〕 吴志行．蔬菜设施栽培新技术．上海：上海科学技术出版社，2000

叶用芥菜冬季
露地栽培

樱桃番茄大棚
秋延后栽培

辣椒冬季
冷床育苗

辣椒秋延后设施栽培

甜椒秋延后大棚栽培

西瓜嫁接苗

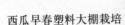

西瓜早春塑料大棚栽培

2

甜瓜春季无土栽培

莴笋冬季设施栽培

莴笋冬季露地栽培

生菜冬季露地栽培

3

塑料大棚

早春竹木结构
中棚多层覆盖

成片的塑料中棚